U0182620

基于Kubernetes的应用容器云实战

开课吧◎组编

姜秀丽　胡斌◎编著

机械工业出版社

CHINA MACHINE PRESS

本书以 Kubernetes 18.6 为平台，从容器云概念的理解到原理的验证，再到在企业应用，全面讲述了企业级容器云的实践技术和关键步骤。本书着重介绍了 Kubernetes 的核心原理知识点、应用迁移验证和 Kubernetes 企业线上运维实战项目，全书内容体系完整，更加侧重于应用实践与落地，书中配有大量的代码示例，方便读者学习。通过学习本书，读者将逐步扩展初始应用程序、添加特性并加深对 Kubernetes 架构和操作的了解，还将探索高级的主题，如监控、调优和扩容。无论是 Kubernetes 初学者还是有一定经验的工程师，相信都能从本书中找到一些解决实际问题的思路和方法。

本书适合系统架构师、开发和测试人员、运维人员阅读，对企业 IT 主管、系统管理员、平台管理员等同样具有参考价值，同时也可作为高等院校云计算及容器技术方向的专业教材。

图书在版编目（CIP）数据

基于 Kubernetes 的应用容器云实战 / 开课吧组编；姜秀丽，胡斌编著. —
北京：机械工业出版社，2021.9
（数字化人才职场赋能系列丛书）
ISBN 978-7-111-68929-4

Ⅰ. ①基⋯　Ⅱ. ①开⋯　②姜⋯　③胡⋯　Ⅲ. ①Linux 操作系统–程序
设计　Ⅳ. ①TP316.85

中国版本图书馆 CIP 数据核字（2021）第 160995 号

机械工业出版社（北京市百万庄大街 22 号　邮政编码 100037）
策划编辑：尚　晨　责任编辑：尚　晨　李培培
责任校对：张艳霞　责任印制：郜　敏
三河市国英印务有限公司印刷

2021 年 9 月第 1 版·第 1 次印刷
184mm×260mm·13.5 印张·334 千字
0001-4500 册
标准书号：ISBN 978-7-111-68929-4
定价：99.00 元

电话服务　　　　　　　　　　网络服务
客服电话：010-88361066　　　机 工 官 网：www.cmpbook.com
　　　　　010-88379833　　　机 工 官 博：weibo.com/cmp1952
　　　　　010-68326294　　　金 书 网：www.golden-book.com
封底无防伪标均为盗版　　机工教育服务网：www.cmpedu.com

随着容器技术的发展，容器编排技术应运而生，Kubernetes 凭借其在 Google 内部十多年的发展与优化，一经开源，便得到了广泛的关注。经过激烈的竞争，Kubernetes 目前已经成为容器编排领域的实际标准，大多数的企业也都在使用 Kubernetes 进行企业的容器化改造。但由于 Kubernetes 中涉及比较多的抽象知识，且 Kubernetes 应用在企业容器云的改造中还需要考虑很多的问题，比如，如何基于 Kubernetes 进行持续集成、持续部署，如何对 Kubernetes 中的应用进行监控与日志收集等。本书针对这些问题，将理论与实践结合，围绕着 Kubernetes 在生产中的使用，进行说明与演示。

本书共分为 6 章，既可以从头到尾连续阅读，也可针对疑惑，单独阅读。第 1 章主要介绍了容器云的趋势，并进行了容器与镜像的操作实战。第 2 章进行了 Kubernetes 的搭建实战，并对 Kubernetes 的架构与组件进行了剖析。第 3 章阐述了 Kubernetes 中核心资源对象 Pod、Deployment、Service、Ingress、ConifigMap、Volume、StatefulSet 的核心原理并针对性地进行应用实战。第 4 章围绕如何将微服务迁移到 Kubernetes 中的主题展开，包括如何将应用打造成镜像、如何创建私有镜像仓库，以及如何将应用抽象成 Kubernetes 中的资源对象等内容。第 5 章的目标是将 Kubernetes 上的应用进行持续集成与持续部署，使用 Jenkins 构建一套成熟的流水线，把应用打包成镜像，并将镜像推送到服务器进行自动化构建，实现企业级的 Pipeline 的生产模式。第 6 章的目标是持续化地运维与监控已经部署在 Kubernetes 中的应用，由此介绍了 HPA 技术，它可以针对应用的压力情况进行自动扩容与缩容，并对日志系统及监控工具的安装与部署进行了说明。

本书的第 2、3、6 章由姜秀丽编写，第 1、4、5 章由胡斌编写。

写书的这段时间，很少能陪伴自己的家人，在此感谢家人的支持与理解。另外，特别感谢机械工业出版社的编辑老师们，本书能够顺利出版，离不开他们的敬业与一丝不苟的精神。

由于编者水平有限，书中难免存在不妥之处，请读者谅解，并提出宝贵意见。

编　者

目录

第 1 章
容器化技术

1.1 容器云概述

1.1.1 容器技术为什么会火

近些年来，容器技术迅速席卷全球，颠覆了应用的开发、交付和运行模式，在云计算、互联网等领域得到了广泛应用。其实容器在很早之前就出现了，且一开始就采用开源技术，但是直到 Docker 容器技术的出现，对底层原来复杂的容器操作做了封装，使得用户操作更加简单高效，容器技术才得到广泛的使用。

Docker 和容器技术为什么会这么火爆？主要是因为它"轻"。Docker 对用户而言使用起来非常方便高效，且是轻量级的，用户可以直接使用 API 或者指令的方式更加简单地操作容器。

1. 为什么追捧容器技术

如图 1-1 所示，在英文中容器被译为"Container"，与"集装箱"使用的是同一个单词，解释为一种可以装货的容器或盒子。对于容器的概念，有人会觉得难以理解。但是如果将容器比作集装箱，理解起来会更简单。从本质上讲，"容器"和"集装箱"没有太大区别，不同的是容器打包的是"应用及其依赖的包"，让应用变成一种标准化的组件，摆脱与系统之间的紧耦合关系，能在任何主流系统中开发、调试和运行。

●图 1-1 Container（集装箱）

2013 年，随着开源应用容器引擎 Docker 第一个版本的发布，容器这种能够打包应用和隔离运行环境的技术引起了开发者的高度关注。由此推动容器技术进入了快速发展期，这背后的动力源自于越来越多的碎片化工业应用和分布式部署需求。

近年来，随着智能制造的推进、云计算技术的推广、企业数字化，企业开始关注智能化及数字化转型，在互联网和工业生产领域，不同企业的工厂生产特点各不相同，而且呈现出的是零散和碎片化的个性化应用需求，部署环境也存在多样性，如虚拟化服务器、公有云、私有云等。因此，像容器这种能通过打包应用及依赖包，实现"一次开发，到处运行"的技术受到了用户的积极追捧。

2. Docker 产生的历史背景

2010 年，几个年轻人在美国旧金山成立了一家名叫"dotCloud"的公司。这家公司主要提供基于 PaaS 的云计算技术服务，具体来说是和 LXC 有关的容器技术。LXC，就是 Linux 容器（Linux Container）虚拟技术。后来，dotCloud 公司将自己的容器技术进行了简化和标准化，并命名为 Docker。

Docker 技术诞生之后，并没有引起行业的关注。而 dotCloud 公司作为一家小型创业企业，在激烈的竞争之下也步履维艰。正当他们快要坚持不下去的时候，脑子里蹦出了"开源"的想法。开源，就是开放源代码，也就是将原来内部保密的程序源代码开放给所有人，让大家一起参与进来，贡献代码和意见。

2013 年 3 月，28 岁的 Solomon Hykes（dotCloud 公司的创始人之一，Docker 之父）正式决定将 Docker 项目开源。越来越多的 IT 工程师发现了 Docker 的优点，加入 Docker 开源社区。Docker 的人气迅速攀升，速度之快，令人瞠目结舌。

开源当月，Docker 0.1 版本发布。此后的每一个月，Docker 都会发布一个版本。到 2014 年 6 月 9 日，Docker 1.0 版本正式发布。此时的 Docker，已经成为行业里人气最火爆的开源技术。甚至像 Google、微软、Amazon、VMware 这样的巨头，都对它青睐有加，表示将全力支持。Docker 火了之后，dotCloud 公司也把公司名字改成了 Docker Inc.。

3. 主流容器技术基石 Docker

近年来，以 Docker 为代表的容器技术已经深入人心，无论是传统 IT 企业还是互联网企业，商业巨擘还是初创公司，大家都以饱满的热情投入到 Docker 容器技术的讨论和探索中，围绕 Docker 相关的技术，不仅有像微软、IBM、Amazon 和 Google 等国际著名云厂商支持 Docker 技术，国内像腾讯、阿里、百度等也相继加入 Docker 的阵营。国内基于 Docker 的成功应用案例也逐渐开始浮出水面。为构建具备弹性扩展能力的 PaaS 平台提供了很多值得借鉴的宝贵经验。

容器技术相比虚拟化技术在 PaaS 领域具有优势，虚拟化技术和容器技术的示意图如图 1-2 所示，从结构来看，虚拟机的操作系统和 Hypervisor 在 Docker 中已经被 Docker 引擎所取代。虚拟机实现资源隔离的方式是利用 Hypervisor 虚拟化服务器的 CPU、内存、I/O 等设备。而 Docker 就简单得多，Docker 引擎可以看成 Linux 的 Namespace、Cgroup 和镜像管理文件系统的封装，Docker 并没有和虚拟机一样利用一个完全独立的操作系统实现环境隔离，利用的是目前 Linux 内核本身支持的容器方式实现资源和环境的隔离，简单来说，Docker 就是利用 Namespace 实现系统环境的隔离，利用 Cgroup 实现资源限制，利用镜像实现环境的隔离。

如图 1-3 所示，Docker 实现资源隔离的核心法宝就是 Cgroup+Namespace，Docker 底层的核心技术包括 Libcontainer（LXC），这是一种内核虚拟化技术，可以提供轻量级的虚拟化，以便隔离进程和资源。LXC 的两大组件包括由 IBM 贡献的命名空间（Namespaces），以及由 Google 贡献的控制组（Control Groups）。

命名空间（Namespaces）是 Linux 内核一个强大的特性。每个容器都有自己单独的命名空间，运行在其中的应用都像是在独立的操作系统中运行一样。命名空间保证了容器之间

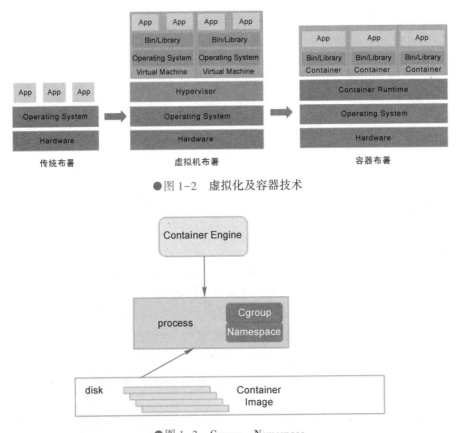

●图1-2 虚拟化及容器技术

●图1-3 Cgroup、Namespace

彼此互不影响，包含容器间 PID 资源隔离、网络隔离、IPC 资源隔离、文件目录隔离、主机名和域名隔离、用户和组的隔离。

控制组（Cgroups）主要用来对共享资源进行隔离、限制、审计等。只有控制好分配到容器的资源，才能避免当多个容器同时运行时对系统资源的竞争。可对容器使用的 CPU、内存和网络等资源进行管理控制。

正如所有应用都需要文件系统支撑一样，Docker 采用 AUFS 文件系统，它是一种分层、轻量级并且高性能的文件系统，支持对文件系统的修改作为一次提交来一层层叠加，同时可以将不同目录挂载到同一个虚拟文件系统下。Docker 的 AUFS 文件系统分为两层，只有最上层（Container）是可读写的，其他的层（Image）只具有读权限。

如图 1-4 所示，容器已经对应用及其动态库打包，而随着应用需求的变化，企业需要对这个容器进行修改，这时只需要将要更新的应用和动态库进行打包并推送到容器镜像库，在原有容器的基础上进行叠加和更新即可，这极大地降低了应用重新开发和部署的难度。

4. 使用容器的好处

从性能上看，由于 Docker 有着比虚拟机更少的抽象层，不需要 Hypervisor 实现硬件资源虚拟化，运行在 Docker 容器上的程序直接使用的都是实际物理机的硬件资源，减少了加载操作系统内核的时间和资源的消耗，因此，在 CPU、内存等资源利用率上更有优势。比如容器启动时间是秒级，而虚拟机都是分钟级。硬盘使用方面，容器一般按 MB 计算，而虚拟机大多是 GB 级的空间占用。在性能上，容器更接近原生，单个操作系统就能支持上千个容器，远多于虚拟机的几十个。

●图 1-4　镜像构建

如图 1-5 所示，容器技术和虚拟机在硬盘使用、性能和系统支持量上均具有相应的优势，在应用系统部署时使用容器技术是比较好的选择。

特　性	容　器	虚拟机
启动时间	秒级	分钟级
硬盘使用	一般为MB	一般为GB
性能	接近原生	弱于容器
系统支持量	单机支持上千个容器	一般几十个

●图 1-5　容器的优势

如图 1-6 所示，从应用层面看，容器技术有两个主要优势：一是"一次构建、到处运行"；二是"增量更新、快速回退"。这两个优势极大地降低了软件开发和运维难度，也推动了持续集成和部署（DevOps）模式的发展。

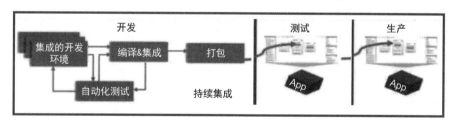

●图 1-6　CI/CD

对开发和运维人员来说，最希望的就是一次创建或配置后，可以在任意地方正常运行。开发者可以使用一个标准的镜像来构建一套开发容器，开发完成之后，运维人员可以直接使用这个容器来部署代码。由于 Docker 很轻、很快，可以快速创建容器，快速迭代应用程序，并让整个过程全程可见，使团队中的其他成员更容易理解应用程序是如何创建和工作的。

总的来说，使用容器具有如下优势。

（1）容器的快速轻量

容器的启动、停止和销毁都是以 s 或 ms 为单位的，并且相比传统的虚拟化技术，使用容器在 CPU、内存、网络 I/O 等资源上的性能损耗都有同样水平甚至更优的表现。

（2）一次构建，到处运行

当将容器固化成镜像后，就可以非常快速地加载到任何环境中部署运行。而构建出来的镜像打包了应用运行所需的程序、依赖和运行环境，这是一个完整可用的应用集装箱，在任何环境下都能保证环境一致性。

（3）完整的生态链

容器技术并不是 Docker 首创，但是以往的容器实现只关注于如何运行，而 Docker 站在巨人的肩膀上进行整合和创新，特别是 Docker 镜像的设计，完美地解决了容器从构建、交付到运行，提供了完整的生态链支持。

1.1.2   容器云时代是否来临

1. 什么是容器云？

容器及容器云作为一项开源基础设施技术已经被企业关注很长一段时间了，伴随着"Docker + Kubernetes"逐步成为该领域的主流选型，其技术框架也逐步走向成熟。业内几乎所有的主流 IT 厂商都或多或少地参与其中，正在共同构建一个丰富的生态，因此以 Docker 容器化技术，结合 Kubernetes 容器云管理系统构建企业的容器云生态已经开始。因此使用 Kubernetes 云操作系统，结合 Docker 技术可以实现一套容器云平台。

Kubernetes 核心组件及应用架构如图 1-7 所示，Kubernetes 分为 Master 节点和 Node 节点，一个 Master 对应一群 Node 节点，Master 可以有多个节点实现高可用的关系。

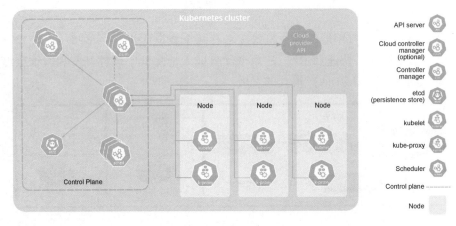

●图 1-7   Kubernetes 架构

目前很多的容器云平台通过 Docker 及 Kubernetes 等技术提供应用运行平台，从而实现运维自动化，快速部署应用、弹性伸缩和动态调整应用环境资源，提高研发运营效率。

容器技术有很多种，Docker 是目前最流行的一种，国内外很多企业都在使用 Docker 容器化技术，服务器虚拟化解决的核心问题是资源调配，而容器解决的核心问题是应用开发、测试和部署。

2. 容器云的发展

其实容器云可以理解为云上的容器技术服务，这个概念的终极体现就是 PaaS 层的云交付模式。Docker 容器技术、Kubernetes 云操作系统的发展必然会推动云计算 PaaS 层的完善和普及，自然也会推动 PaaS、SaaS 层级产品的快速发展。因此从 2017 年开始就进入了容器云时代，有些技术体系完善且发展快的公司自建了以 Kubernetes 为核心的容器云平台。

如图 1-8 所示，IaaS 基础设施及服务，属于基底层的物理硬件的网络基础设服务；PaaS 平台及服务，以 Kubernetes 为核心构建的 PaaS 服务已经成为主流；SaaS 软件设施及服务，SaaS 平台供应商将应用软件统一部署在自己的服务器上，客户可以根据工作实际需求，通过互联网向厂商定购所需的应用软件服务，按定购的服务多少和时间长短向厂商支付费用，并通过互联网获得 SaaS 平台供应商提供的服务。

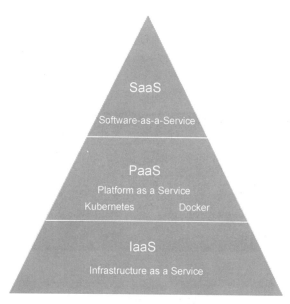

●图 1-8 云计算三层结构

技术层面，云计算的发展基本是按照虚拟化、网络化、分布式技术成熟稳定→IaaS→PaaS→SaaS 这条路线走的。每个阶段都有业界开源或者非开源的技术为代表，比如最开始的虚拟化阶段，典型的代表是 Xen、vSphere、KVM 等技术；如图 1-9 所示，IaaS 层典型的代表是 OpenStack；PaaS 层典型的代表是 Kubernetes；SaaS 层开源界有 AWS 推出的 Lambda，但当前还没有典型的代表。

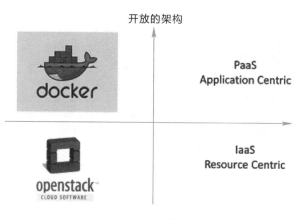

●图 1-9 计算技术

随着未来物联网、5G、量子计算等技术全面发展和普及，容器云及云计算将会是最底层的核心支撑技术；这些技术的发展必然也会带动和升级容器云。

1.1.3 容器云部署演变历程

1. 物理机时代

物理机时代如图1-10所示，即应用在物理机部署的时代。一段时间内，企业开发的项目都在物理机进行部署，这种部署模式称为物理机模式，在物理机部署模式中，把应用直接部署在物理机中，一个物理机可以部署多个应用，应用可以通过物理硬件的水平扩容或者垂直扩容来提升服务的性能。

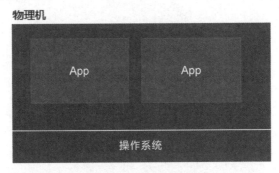

●图1-10 物理机部署

这种部署模式的缺点在于无法充分利用服务器的资源，存在大量的物理机CPU、内存资源的浪费；服务部署无法实现自动的调度，完全靠运维进行人工服务，维护成本较高，开发效率较低。因此为了进一步充分利用服务器计算资源，出现了虚拟化的部署模式。

2. 虚拟机时代

在实际的生产环境中，虚拟化技术主要用来解决高性能的物理硬件产能过剩和老旧的硬件产能过低的重组、重用，透明化底层物理硬件，从而最大化地利用物理硬件，实现资源的充分利用。为了进一步提高服务的部署效率和资源的利用率，服务部署迈入虚拟化时代，如图1-11所示。

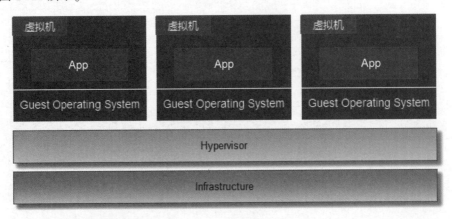

●图1-11 虚拟机部署

为了提高资源利用率，充分利用 CPU 和内存的计算资源，可以使用虚拟化技术，把物理机拆分成多个虚拟机，把服务部署在虚拟机中，实现服务的高效调度发布。

3. 容器云时代

随着虚拟化技术的成熟和分布式框架的普及，在容器技术、可持续交付、编排系统等开源社区的推动下，以及微服务等开发理念的带动下，应用上云已经是不可逆转的趋势。

云计算的 3 层划分，即基础设施即服务（IaaS）、平台即服务（PaaS）、软件即服务（SaaS）为容器云提供了技术基础和方向指引，真正的云化不仅仅是基础设施和平台的变化，应用也需要做出改变，摒弃传统的方法，在架构设计、开发方式、部署维护等各个阶段和方面都基于云的特点重新设计，从而建设全新的云化的应用，即容器云应用。

如图 1-12 所示，以 Kubernetes、Docker 容器技术所构建的容器云已经越来越受欢迎，Kubernetes 用来管理容器，又称为容器调度技术。

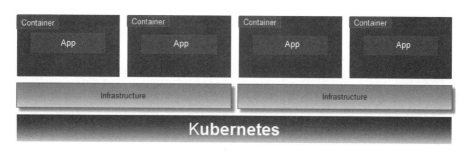

●图 1-12　容器云

1.2　认识 Docker

1.2.1　容器云之基石 Docker

1. Docker 解决了什么问题？

Docker 解决了快速交付和部署（镜像与容器）、资源的高效利用和隔离（高密度部署）、轻松的迁移和扩展（一次封装，到处运行）等问题。

Docker 是一个用于开发、交付和运行应用程序的开放平台，它能够将应用程序与基础架构分开，从而可以快速交付软件。借助 Docker，可以利用与管理应用程序相同的方式来管理基础架构。通过利用 Docker 的方法来快速交付、测试和部署代码，可以大大减少编写代码和在生产环境中运行代码之间的延迟。

（1）快速一致地交付用户的应用程序

Docker 允许开发人员使用自己的应用程序或服务的本地容器在标准化环境中工作，从而简化了开发的生命周期。

容器非常适合持续集成和持续交付（CI/CD）工作流程。当开发人员在本地编写代码时，可以使用 Docker 容器与同事共享工作，也可以使用 Docker 将其应用程序推送到测试环境中，并执行自动或手动测试。当开发人员发现错误时，可以在开发环境中对其进行修复，然后将其重新部署到测试环境中，以进行测试和验证。测试完成后，再将修补程序推送给生产环境，就像将更新的镜像推送到生产环境一样简单。

（2）响应式部署和扩展

Docker 是基于容器的平台，允许高度可移植的工作负载。Docker 容器可以在开发人员的本机、数据中心的物理或虚拟机、云服务或混合环境中运行。Docker 的可移植性和轻量级的特性，还可以轻松地完成动态管理，并根据业务需求指示实时扩展或拆除应用程序和服务。

（3）同一硬件上运行更多工作负载

Docker 轻巧、快速。它为基于虚拟机管理程序的虚拟机提供了可行、经济、高效的替代方案，因此可以利用更多的计算能力来实现业务目标。Docker 非常适合于高密度环境以及中小型部署，可以使用更少的资源做更多的事情。

2. 从 0 开始认识 Docker

在计算机的世界中，容器拥有一段漫长且传奇的历史。容器与管理程序虚拟化（Hypervisor Virtualization，HV）有所不同，管理程序虚拟化通过中间层将一台或者多台独立的机器虚拟运行在物理硬件之上，而容器则是直接运行在操作系统内核上的用户空间。因此，容器虚拟化也被称为"操作系统级虚拟化"，容器技术可以让多个独立的用户空间运行在同一台宿主机上。

由于"客居"于操作系统，容器只能运行与底层宿主机相同或者相似的操作系统，这看起来并不是非常灵活。例如，可以在 Ubuntu 服务中运行 Redhat Enterprise Linux，但无法在 Ubuntu 服务器上运行 Microsoft Windows。

相对于彻底隔离的管理程序虚拟化，容器被认为是不安全的。持有这一观点的人认为，由于虚拟容器所虚拟的是一个完整的操作系统，这无疑增大了攻击范围，而且还要考虑管理程序层潜在的暴露风险。

尽管有诸多局限性，容器还是被广泛部署于各种各样的应用场合。在超大规模的多租户服务部署、轻量级沙盒，以及对安全要求不太高的隔离环境中，容器技术非常流行。最常见的一个例子就是"权限隔离监牢"（Chroot Jail），它创建一个隔离的目录环境来运行进程。如果权限隔离监牢正在运行的进程被入侵者攻破，入侵者便会发现自己"身陷囹圄"，因为权限不足被困在容器所创建的目录中，无法对宿主机进一步破坏。

最新的容器技术引入了 OpenVZ、Solaris Zones，以及 Linux 容器（LXC）。使用这些新技术，容器不仅仅是一个单纯的运行环境，在自己的权限内容器更像是一个完整的宿主机。对 Docker 来说，它得益于现代 Linux 特性，如控制组（Ggroups）、命名空间（Namespace）技术，容器和宿主机之间的隔离更加彻底，容器有独立的网络和存储栈，还拥有自己的资源管理能力，使得同一台宿主机中的多个容器可以友好共存。

容器被认为是精益技术，因为容器需要的开销有限。和传统虚拟化、半虚拟化相比，容器不需要模拟层（Emulation Layer）和管理层（Hypervisor Layer），而是使用操作系统的系统调用接口。这降低了运行单个容器所需的开销，也使得宿主机中可以运行更多的容器。

尽管有着光辉的历史,容器仍未得到广泛的认可。一个很重要的原因就是容器技术的复杂性:容器本身就比较复杂,不易安装,管理和自动化也很困难。而 Docker 就是为了改变这一切而生的。

3. Docker 特点

(1) 上手快

用户只需要几分钟,就可以把自己的程序"Docker 化"。Docker 依赖于"写时复制"(Copy-on-Write)模型,使修改应用程序也非常迅速,可以说达到了"随心所至,代码即改"的境界。

随后,就可以创建容器来运行应用程序了。大多数 Docker 容器只需要不到 1 s 即可启动。由于去除了管理程序的开销,Docker 容器拥有很高的性能,同时同一台宿主机中也可以运行更多的容器,使用户尽可能充分地利用系统资源。

(2) 职责的逻辑分类

使用 Docker,开发人员只需要关心容器中运行的应用程序,而运维人员只需要关心如何管理容器。Docker 设计的目的就是要加强开发人员写代码的开发环境与应用程序要部署的生产环境的一致性,从而降低"开发时一切正常,肯定是运维的问题(测试环境都是正常的,上线后出了问题就归结为运维的问题)"的情况出现率。

(3) 快速高效的开发生命周期

Docker 的目标之一就是缩短代码从开发、测试到部署上线运行的周期,让应用程序具备可移植性,易于构建,并易于协作(通俗一点说,Docker 就像一个盒子,里面可以装很多物件,如果需要这些物件则可以直接将该大盒子拿走,而不需要从该盒子中一件件地取)。

(4) 鼓励使用面向服务的架构

Docker 还鼓励面向服务的体系结构和微服务架构。Docker 推荐单个容器只运行一个应用程序或进程,这样就形成了一个分布式的应用程序模型,在这种模型下,应用程序或者服务都可以表示为一系列内部互联的容器,从而使分布式部署应用程序、扩展或调试应用程序都变得非常简单(当然,可以在一个容器中运行多个应用程序)。

1.2.2　Docker 有哪些组件

1. Docker 客户端和服务器

Docker 是一个客户端-服务器(C/S)架构程序。如图 1-13 所示,Docker 客户端只需要向 Docker 服务器或者守护进程发出请求,服务器或者守护进程将完成所有工作并返回结果。Docker 提供了一些命令行工具 Docker 以及一整套 RESTful API。可以在同一台宿主机上运行 Docker 守护进程和客户端,也可以从本地的 Docker 客户端连接到运行在另一台宿主机上的远程 Docker 守护进程。

2. Docker 镜像

镜像是构建 Docker 的基石。用户基于镜像来运行自己的容器。镜像也是 Docker 生命周期中的"构建"部分。镜像是基于联合文件系统的一种层式结构,由一系列指令一步一步

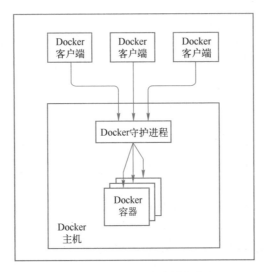

●图 1-13 Docker 客户端与服务

构建出来。举例如下。

- 添加一个文件。
- 执行一个命令。
- 打开一个窗口。

也可以将镜像当作容器的"源代码"。镜像体积很小，非常"便携"，易于分享、存储和更新。

3. Registry（注册中心）

Docker 用 Registry 来保存用户构建的镜像。Registry 分为公共和私有两种。Docker 公司运营公共的 Registry 叫作 Docker Hub。用户可以在 Docker Hub 注册账号，分享并保存自己的镜像（说明：在 Docker Hub 下载镜像非常慢，可以自己构建私有的 Registry）。

4. Docker 容器

Docker 可以构建和部署容器，只需要把自己的应用程序或者服务打包放进容器即可。容器是基于镜像启动起来的，容器中可以运行一个或多个进程。可以认为，镜像是 Docker 生命周期中的构建或者打包阶段，而容器则是启动或者执行阶段。容器基于镜像启动，一旦容器启动完成后，就可以登录到容器中安装自己需要的软件或者服务。

所以 Docker 容器就是一个镜像格式、一些标准操作和一个执行环境。

Docker 借鉴了标准集装箱的概念。标准集装箱将货物运往世界各地，Docker 将这个模型运用到自己的设计中，唯一不同的是集装箱运输货物，而 Docker 运输软件。

和集装箱一样，Docker 在执行上述操作时，并不关心容器中到底装了什么，不管是 Web 服务器、数据库，还是应用程序服务器，所有的容器都按照相同的方式将内容"装载"进去。

Docker 也不关心要把容器运到何方：可以在自己的笔记本计算机中构建容器，上传到 Registry，然后下载到一个物理的或者虚拟的服务器来测试，再把容器部署到具体的主机中。像标准集装箱一样，Docker 容器方便替换，可以叠加，易于分发，并且尽量通用。

使用Docker，可以快速构建一个应用程序服务器、一个消息总线、一套实用工具、一个持续集成（CI）测试环境或者任意一种应用程序、服务或工具。可以在本地构建一个完整的测试环境，也可以为生产或开发快速复制一套复杂的应用程序栈。

1.2.3 Docker 架构

前面已经介绍过 Docker 使用了 C/S 体系架构，Docker 客户端与 Docker 守护进程通信，Docker 守护进程负责构建、运行和分发 Docker 容器。如图 1-14 所示，Docker 客户端和守护进程可以在同一个系统上运行，也可以将 Docker 客户端连接到远程 Docker 守护进程。Docker 客户端和守护进程使用 REST API 通过 UNIX 套接字或网络接口进行通信。

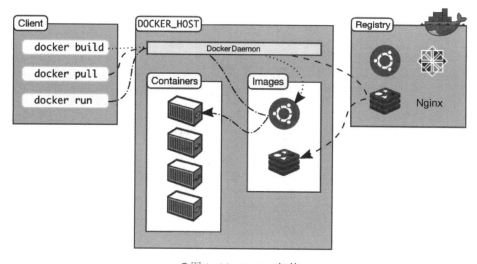

●图 1-14　Docker 架构

Docker Daemon 用来监听 Docker API 的请求和管理 Docker 对象，比如镜像、容器、网络和 Volume，Docker Client 是用户和 Docker 进行交互的最主要的方式，比如可以通过 docker run 来运行一个容器，这个 Client 会把命令发送给上面的 Docker Registry 来存储 Docker 镜像的仓库，Docker Hub 是 Docker 官方提供的一个公共仓库，而且 Docker 默认也是从 Docker Hub 上查找镜像的，当然也可以很方便地运行一个私有仓库。

容器是一个镜像可运行的实例，可以使用 Docker REST API 或者 CLI 来操作容器，容器的实质是进程，但与直接在宿主执行的实例进程不同，容器进程属于自己独立的命名空间。因此容器可以拥有自己的 root 文件系统、网络配置、进程空间，甚至用户自己的 ID。容器内的进程是运行在一个隔离的环境里，使用起来，就好像在一个独立于宿主的系统下操作一样。这种特性使得容器封装的应用比直接在宿主运行更加安全。

1.2.4　Docker 安装与启动

1. 安装环境说明

Docker 官方建议在 Ubuntu 中安装，因为 Docker 是基于 Ubuntu 发布的，而且对于一般 Docker 出现的问题，Ubuntu 是最先更新或者打补丁的。在很多版本的 CentOS 中是不支持更新最新的补丁包的。

由于学习环境使用的是 CentOS，因此这里将 Docker 安装到 CentOS 上。注意：这里建议安装 CentOS 7.x 以上的版本，在 CentOS 6.x 版本中，安装前需要安装其他很多的环境，而且 Docker 的很多补丁不支持更新。

2. 在 VMware Workstation 中安装 CentOS 7

准备好安装镜像后，直接挂载即可，安装镜像的版本必须是 CentOS 7 版本以上，否则安装 Docker 非常麻烦。挂载后，如图 1-15 所示，使用 ip addr 命令查看本地 IP 地址。

```
[root@k8s-java12-master-01 docker]# ip addr show
1: lo: <LOOPBACK,UP,LOWER_UP> mtu 65536 qdisc noqueue state UNKNOWN group default qlen 1000
    link/loopback 00:00:00:00:00:00 brd 00:00:00:00:00:00
    inet 127.0.0.1/8 scope host lo
       valid_lft forever preferred_lft forever
2: eno16777736: <BROADCAST,MULTICAST,UP,LOWER_UP> mtu 1500 qdisc pfifo_fast state UP group default qlen 1000
    link/ether 00:0c:29:af:5d:a1 brd ff:ff:ff:ff:ff:ff
    inet 192.168.66.10/24 brd 192.168.66.255 scope global noprefixroute eno16777736
       valid_lft forever preferred_lft forever
3: docker0: <NO-CARRIER,BROADCAST,MULTICAST,UP> mtu 1500 qdisc noqueue state DOWN group default
    link/ether 02:42:af:50:25:0c brd ff:ff:ff:ff:ff:ff
    inet 172.17.0.1/16 brd 172.17.255.255 scope global docker0
       valid_lft forever preferred_lft forever
4: dummy0: <BROADCAST,NOARP> mtu 1500 qdisc noop state DOWN group default qlen 1000
    link/ether b6:59:f8:33:cb:14 brd ff:ff:ff:ff:ff:ff
5: kube-ipvs0: <BROADCAST,NOARP> mtu 1500 qdisc noop state DOWN group default
    link/ether ca:60:92:c7:8f:53 brd ff:ff:ff:ff:ff:ff
    inet 10.96.15.189/32 brd 10.96.15.189 scope global kube-ipvs0
       valid_lft forever preferred_lft forever
    inet 10.98.140.249/32 brd 10.98.140.249 scope global kube-ipvs0
       valid_lft forever preferred_lft forever
    inet 10.96.0.10/32 brd 10.96.0.10 scope global kube-ipvs0
       valid_lft forever preferred_lft forever
    inet 10.107.180.128/32 brd 10.107.180.128 scope global kube-ipvs0
       valid_lft forever preferred_lft forever
    inet 10.105.192.200/32 brd 10.105.192.200 scope global kube-ipvs0
       valid_lft forever preferred_lft forever
    inet 10.109.126.15/32 brd 10.109.126.15 scope global kube-ipvs0
       valid_lft forever preferred_lft forever
    inet 10.101.196.60/32 brd 10.101.196.60 scope global kube-ipvs0
       valid_lft forever preferred_lft forever
    inet 10.107.55.106/32 brd 10.107.55.106 scope global kube-ipvs0
       valid_lft forever preferred_lft forever
    inet 10.105.219.182/32 brd 10.105.219.182 scope global kube-ipvs0
       valid_lft forever preferred_lft forever
    inet 10.96.0.1/32 brd 10.96.0.1 scope global kube-ipvs0
       valid_lft forever preferred_lft forever
    inet 10.100.102.56/32 brd 10.100.102.56 scope global kube-ipvs0
       valid_lft forever preferred_lft forever
6: flannel.1: <BROADCAST,MULTICAST,UP,LOWER_UP> mtu 1450 qdisc noqueue state UNKNOWN group default
    link/ether 36:e7:66:55:36:39 brd ff:ff:ff:ff:ff:ff
    inet 10.244.0.0/32 scope global flannel.1
       valid_lft forever preferred_lft forever
7: cni0: <BROADCAST,MULTICAST,UP,LOWER_UP> mtu 1450 qdisc noqueue state UP group default qlen 1000
    link/ether de:8b:4e:34:8c:04 brd ff:ff:ff:ff:ff:ff
    inet 10.244.0.1/24 brd 10.244.0.255 scope global cni0
       valid_lft forever preferred_lft forever
8: veth9f8f7aaa@if3: <BROADCAST,MULTICAST,UP,LOWER_UP> mtu 1450 qdisc noqueue master cni0 state UP group def
    link/ether 82:1e:22:cf:e1:1f brd ff:ff:ff:ff:ff:ff link-netnsid 0
```

●图 1-15　IP 地址查看

3. 安装 Docker

使用 yum 命令在线安装，首先需要选择安装的 Docker 版本。当前有两个版本可供选择：社区版（Community Edition，CE）和企业版（Enterprise Edition，EE）。Docker CE 是免费的，并且是接下来示例中将要使用的版本。

Docker EE 包含 Docker CE 中的全部功能，还包括了商业支持以及与其他 Docker 产品的集成，比如 Docker 可信镜像库和通用控制面板。

```
#阿里云安装
yum install docker
systemctl enable docker
systemctl start docker
docker -v
docker info


#标准的安装方式
#移除旧版本
yum remove docker \
                docker-client \
                docker-client-latest \
                docker-common \
                docker-latest \
                docker-latest-logrotate \
                docker-logrotate \
                docker-engine
```

#安装 Docker 其他依赖

```
yum install -y yum-utils \
  device-mapper-persistent-data \
  lvm2
```

#设置 Docker yum 源

```
yum-config-manager \
    --add-repo \
    https://download.docker.com/linux/centos/docker-ce.repo
```

#安装 Docker CE

```
yum install -y docker-ce docker-ce-cli containerd.io

```

#安装指定版本的 Docker

```
yum listdocker-ce --showduplicates |sort -r
yum install docker-ce-<VERSION_STRING> docker-ce-cli-<VERSION_STRING> con-
tainerd.io
```

#启动 Docker

```
systemctl enable docker
systemctl start docker
```

4. 安装后查看 Docker 版本

```
docker -v
```

Docker 安装成功与否，可以使用 docker -v 命令进行查看。

5. 启动与停止 Docker

systemctl 命令是系统服务管理器指令，它是 service 和 chkconfig 两个命令组合。

启动 Docker：systemctl start docker。

停止 Docker：systemctl stop docker。

重启 Docker：systemctl restart docker。

查看 Docker 状态：systemctl status docker。

开机启动：systemctl enable docker。

如图 1-16 所示，Docker 容器运行的状态图为 Running 状态，表示容器正常运行。

```
[root@k8s-java12-master-01 docker]# systemctl status docker
● docker.service - Docker Application Container Engine
   Loaded: loaded (/usr/lib/systemd/system/docker.service; enabled; vendor preset: disabled)
   Active: active (running) since Mon 2021-05-31 18:42:54 CST; 5min ago
     Docs: https://docs.docker.com
 Main PID: 939 (dockerd)
    Tasks: 28
   Memory: 122.1M
   CGroup: /system.slice/docker.service
           └─939 /usr/bin/dockerd -H fd:// --containerd=/run/containerd/containerd.sock

May 31 18:42:54 k8s-java12-master-01 dockerd[939]: time="2021-05-31T18:42:54.559041379+08:00" le
May 31 18:42:54 k8s-java12-master-01 systemd[1]: Started Docker Application Container Engine.
May 31 18:42:54 k8s-java12-master-01 dockerd[939]: time="2021-05-31T18:42:54.632148270+08:00" le
May 31 18:43:33 k8s-java12-master-01 dockerd[939]: time="2021-05-31T18:43:33.176282582+08:00" le
May 31 18:43:35 k8s-java12-master-01 dockerd[939]: time="2021-05-31T18:43:35.651190972+08:00" le
May 31 18:43:38 k8s-java12-master-01 dockerd[939]: time="2021-05-31T18:43:38.391286312+08:00" le
May 31 18:43:38 k8s-java12-master-01 dockerd[939]: time="2021-05-31T18:43:38.849349260+08:00" le
May 31 18:43:41 k8s-java12-master-01 dockerd[939]: time="2021-05-31T18:43:41.459330599+08:00" le
May 31 18:43:46 k8s-java12-master-01 dockerd[939]: time="2021-05-31T18:43:46.288822402+08:00" le
May 31 18:43:46 k8s-java12-master-01 dockerd[939]: time="2021-05-31T18:43:46.361266769+08:00" le
Hint: Some lines were ellipsized, use -l to show in full.
```

●图 1-16　Docker 容器状态

查看 Docker 概要信息：docker info。

查看 Docker 帮助文档：docker --help。

1.3　镜像的基本操作

1.3.1　什么是 Docker 镜像

Docker 镜像是由文件系统叠加而成（是一种文件的存储形式）。如图 1-17 所示，Docker 镜像最底端是一个文件引导系统，即 bootfs，这很像典型的 Linux/UNIX 的引导文件系统。Docker 用户几乎永远不会和引导系统有什么交互。实际上，当一个容器启动后，它将会被移动到内存中，而引导文件系统则会被卸载，以留出更多的内存供磁盘镜像使用。Docker 容器启动时需要一些文件，而这些文件就可以称为 Docker 镜像。

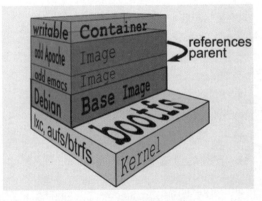

●图 1-17　Docker 镜像

1.3.2　列出镜像

当镜像拉取成功，或者自己打包镜像成功后，需要查询镜像列表看是否有自己的镜像，可以使用 docker 指令列出 docker 下的所有镜像，指令操作方式：docker images，镜像列表如图 1-18 所示。

```
[root@k8s-java12-master-01 docker]# docker images
REPOSITORY                                              TAG             IMAGE ID        CREATED          SIZE
quay-mirror.qiniu.com/coreos/flannel                    v0.12.0-amd64   4e9f801d2217    14 months ago    52.7MB
gcr.io/kubernetes-helm/tiller                           v2.15.2         9bdad03644c7    19 months ago    88.1MB
registry.cn-hangzhou.aliyuncs.com/google_containers/tiller  v2.15.2     9bdad03644c7    19 months ago    88.1MB
quay.io/coreos/kube-state-metrics                       v1.7.1          0eeea8ccba73    22 months ago    33.1MB
k8s.gcr.io/kube-scheduler                               v1.15.1         b0b3c4c404da    22 months ago    81.1MB
k8s.gcr.io/kube-apiserver                               v1.15.1         68c3eb07bfc3    22 months ago    207MB
k8s.gcr.io/kube-controller-manager                      v1.15.1         89a062da739d    22 months ago    159MB
k8s.gcr.io/kube-proxy                                   v1.15.1         d75082f1d121    22 months ago    82.4MB
quay.io/prometheus/prometheus                           v2.11.0         b97ed892eb23    23 months ago    126MB
quay.io/prometheus/alertmanager                         v0.18.0         ce3c87f17369    23 months ago    51.9MB
quay.io/coreos/prometheus-config-reloader               v0.31.1         64df869d5fbe    23 months ago    17.6MB
quay.io/coreos/prometheus-operator                      v0.31.1         7b04c605e0db    23 months ago    40.5MB
grafana/grafana                                         6.2.2           f0e31486a3e2    24 months ago    248MB
quay.io/prometheus/node-exporter                        v0.18.1         e5a616e4b9cf    24 months ago    22.9MB
quay.io/coreos/kube-rbac-proxy                          v2.13.1         cb5aea7d0466    2 years ago      82.1MB
k8s.gcr.io/coredns                                      1.3.1           70eeaa7791f2    2 years ago      41.3MB
quay.io/coreos/k8s-prometheus-adapter-amd64             v0.4.1          eb516548c180    2 years ago      40.3MB
k8s.gcr.io/etcd                                         3.3.10          2c4adeb21b4f    2 years ago      258MB
k8s.gcr.io/addon-resizer                                1.8.4           5ec630648120    2 years ago      38.3MB
k8s.gcr.io/pause                                        3.1             da86e6ba6ca1    3 years ago      742kB
quay.io/coreos/configmap-reload                         v0.0.1          3129a2ca29d7    4 years ago      4.79MB
```

●图 1-18　镜像列表

- REPOSITORY：镜像所在的仓库名称。
- TAG：镜像标签。
- IMAGE ID：镜像 ID。
- CREATED：镜像的创建日期（不是获取该镜像的日期）。
- SIZE：镜像大小。

这些镜像都存储在 Docker 宿主机的/var/lib/docker 目录下，image 镜像存储的位置，如图 1-19 所示。

```
[root@k8s-java12-master-01 docker]# ll
total 16
drwx------    2 root root      23 Jul 17  2020 builder
drwx--x--x    4 root root      87 Jul 17  2020 buildkit
drwx------   58 root root    8192 May 31 18:44 containers
drwx------    5 root root      50 Jul 17  2020 devicemapper
drwx------    3 root root      25 Jul 17  2020 image
drwxr-x---    3 root root      18 Jul 17  2020 network
drwx------    4 root root      30 Jul 17  2020 plugins
drwx------    2 root root       6 May 31 18:42 runtimes
drwx------    2 root root       6 Jul 17  2020 swarm
drwx------    2 root root       6 May 31 18:42 tmp
drwx------    2 root root       6 Jul 17  2020 trust
drwx------    5 root root    4096 Jul 22  2020 volumes
```

●图 1-19　镜像存储位置

为了区分同一个仓库下的不同镜像，Docker 提供了一种称为标签（Tag）的功能。每个镜像在列出来时都带有一个标签，如 12.10、12.04 等。每个标签对组成特定镜像的一些镜像层进行标记（比如，标签 12.04 就是对所有 Ubuntu12.04 镜像层的标记）。这种机制使得同一个仓库中可以存储多个镜像。

在运行同一个仓库中的不同镜像时，可以通过在仓库名后面加上一个冒号和标签名来指定该仓库中的某一具体镜像，例如，docker run --name custom_container_name-i-t docker.io/ubuntu:12.04 /bin/bash，表明从镜像 Ubuntu：12.04 启动一个容器，而这个镜像的操作系统就是 Ubuntu：12.04。

1.3.3 搜索镜像

当需要下载镜像但不知道这个镜像的完整名称或这个镜像的地址时，可以直接从网络上搜索这个镜像，如图 1-20 所示，可以通过以下命令搜索：docker search 镜像名称。

```
[root@k8s-java12-master-01 ~]# docker search tomcat
NAME                          DESCRIPTION                                      STARS   OFFICIAL   AUTOMATED
tomcat                        Apache Tomcat is an open source implementati_    3036    [OK]
tomee                         Apache TomEE is an all-Apache Java EE certif_    88      [OK]
dordoka/tomcat                Ubuntu 14.04, Oracle JDK 8 and Tomcat 8 base_    57                 [OK]
bitnami/tomcat                Bitnami Tomcat Docker Image                      37                 [OK]
kubeguide/tomcat-app          Tomcat image for Chapter 1                       30
consol/tomcat-7.0             Tomcat 7.0.57, 8080, "admin/admin"               18                 [OK]
cloudesire/tomcat             Tomcat server, 6/7/8                              15                 [OK]
aallam/tomcat-mysql           Debian, Oracle JDK, Tomcat & MySQL               13                 [OK]
arm32v7/tomcat                Apache Tomcat is an open source implementati_    11
rightctrl/tomcat              CentOS , Oracle Java, tomcat application ssl_    6                  [OK]
maluuba/tomcat7-java8         Tomcat7 with java8.                              6
unidata/tomcat-docker         Security-hardened Tomcat Docker container.       5                  [OK]
arm64v8/tomcat                Apache Tomcat is an open source implementati_    3
cfje/tomcat-resource          Tomcat Concourse Resource                        2
jelastic/tomcat               An image of the Tomcat Java application serv_    2
amd64/tomcat                  Apache Tomcat is an open source implementati_    2
oobsri/tomcat8                Testing CI Jobs with different names.            2
camptocamp/tomcat-logback     Docker image for tomcat with logback integra_   1                  [OK]
picoded/tomcat7               tomcat7 with jre8 and MANAGER_USER / MANAGER_    1                  [OK]
chenyufeng/tomcat-centos      tomcat7基于centos6的镜像                         1      1                  [OK]
ppc64le/tomcat                Apache Tomcat is an open source implementati_    1
99taxis/tomcat7               Tomcat7                                          1                  [OK]
secoresearch/tomcat-varnish   Tomcat and Varnish 5.0                           0                  [OK]
s390x/tomcat                  Apache Tomcat is an open source implementati_    0
softwareplant/tomcat          Tomcat images for jira-cloud testing             0                  [OK]
```

●图 1-20　镜像搜索列表

- NAME：仓库名称。
- DESCRIPTION：镜像描述。
- STARS：用户评价，反映一个镜像的受欢迎程度。
- OFFICIAL：是否官方。
- AUTOMATED：自动构建，表示该镜像是由 Docker Hub 自动构建流程创建的。

1.3.4 拉取镜像

1. 从 Docker Hub 拉取

Docker 镜像首页包括官方镜像和其他公开镜像。Docker Hub 上最受欢迎的 10 大镜像如图 1-21 所示，通过 Docker Registry API 获取不了镜像被拉取的个数，只能通过镜像的 Stars 数量，来衡量镜像的流行度。毫无疑问，拥有最高 Stars 数量的库都是官方库。

国内下载 Docker Hub 官方的相关镜像比较慢，可以使用国内（docker.io）的一些镜像加速器，镜像保持和官方一致，关键是速度快，推荐使用。Mirror 与 Private Registry 的区别如下。

- Private Registry（私有仓库）是开发者或者企业自建的镜像存储库，通常用来保存企业内部的 Docker 镜像，用于内部开发流程和产品的发布、版本控制。
- Mirror 是一种代理中转服务，提供的 Mirror 服务（比如 daocloud）直接对接 Docker Hub 的官方 Registry。Docker Hub 上有数以十万计的各类 Docker 镜像。

在使用 Private Registry 时，需要在 Docker Pull 或 Dockerfile 中直接键入 Private Registry 的地址，通常这样会导致与 Private Registry 的绑定缺乏灵活性。

使用 Mirror 服务，只需要在 Docker 守护进程（Daemon）的配置文件中加入 Mirror 参数，

Rank	Repository	Stars
1	Ubuntu	2,007
2	Centos	1,164
3	Nginx	1,163
4	Redis	957
5	Node	891
6	Postgres	889
7	Mysql	885
8	Mongo	796
9	Debian	573
10	Jenkins	508

●图 1-21　Docker Hub Stars

即可在全局范围内直接访问官方的 Docker Hub，避免了对 Dockerfile 镜像引用来源的修改。

简单来说，Mirror 类似 CDN，本质是官方的 Cache；Private Registry 类似私服，跟官方没什么关系。对用户来说，由于用户是要拉取 Docker Hub 上的 image，对应的是 Mirror。yum/apt-get 的 Mirror 又有点不一样，它其实是把官方的库文件整个拖到自己的服务器上做镜像，并定时与官方做同步；而 Docker Mirror 只会缓存曾经使用过的 image。

使用命令拉取。

```
docker pull centos:7
```

目前国内访问 Docker Hub 速度比较慢，使用 Docker Mirror 势在必行。现有国内有不少商家提供 Docker 镜像加速服务。

2. ustc 的镜像

ustc 是老牌的 Linux 镜像服务提供者，在 Ubuntu 5.04 版本的时候就在使用。ustc 的 Docker 镜像加速器速度很快。ustc Docker Mirror 的优势之一就是不需要注册，是真正的公共服务。ustc 的地址为 https://lug.ustc.edu.cn/wiki/mirrors/help/docker。

步骤如下。

1）编辑文件 vi /etc/docker/daemon.json，如果该文件不存在就手动创建。

2）在该文件中输入如下内容。

```
{
"registry-mirrors": ["https://docker.mirrors.ustc.edu.cn"]
}
```

3）注意：一定要重启 Docker 服务，如果重启 Docker 后无法加速，可以重新启动操作系统。

配置 daemon.json 文件后，通过 docker pull 命令下载镜像，速度就变得非常快。

1.3.5 删除镜像

当需要删除本地镜像时，只需要使用 docker rmi 即可实现，可以使用镜像 ID 进行删除，也可以根据镜像名称进行删除。

1）docker rmi $IMAGE_ID：删除指定镜像。

2）docker rmi 'docker images -q'：删除所有镜像。

1.4 容器的基本操作

1.4.1 查看容器

根据镜像构建成容器后，如何查询已经构建完成的容器呢？如何知道这些容器的状态呢？可以通过如下方式查询容器的运行状态。

```
Usage: docker ps [OPTIONS]
List containers
Options:
  -a, --all              Show all containers (default shows just running)
  -f, --filter filter    Filter output based on conditions provided
      --format string    Pretty-print containers using a Go template
  -n, --last int         Show n last created containers (includes all states) (de-
fault -1)
  -l, --latest           Show the latest created container (includes all states)
      --no-trunc         Don't truncate output
  -q, --quiet            Only display numeric IDs
  -s, --size             Display total file sizes
```

● 查看正在运行的容器。

```
docker ps
```

● 查看所有的容器，-all 表示查询所有的容器（启动过的历史容器）。

```
docker ps - a
```

● 查看最后一次运行的容器。

```
docker ps - l
```

● 查看停止的容器。

```
docker ps -f status=exited
```

1.4.2　创建与启动容器

创建启动容器可以使用命令 docker run，下面是创建容器常用的参数说明。

- -i：表示运行容器。
- -t：表示容器启动后会进入其命令行。加入-i 和-t 这两个参数后，容器创建就能登录进去。即分配一个伪终端。
- --name：为创建的容器命名。
- -v：表示目录映射关系（前者是宿主机目录，后者是映射到宿主机上的目录），可以使用多个-v 做多个目录或文件映射。注意：最好做目录映射，在宿主机上做修改，然后共享到容器上。
- -d：在 run 后面加上-d 参数，则会创建一个守护式容器在后台运行（这样创建容器后不会自动登录容器，如果只加-i 和-t 两个参数，创建后就会自动进入容器）。
- -p：表示端口映射，前者是宿主机端口，后者是容器内的映射端口。可以使用多个-p 做多个端口映射。

1. 交互式容器

创建一个交互式容器并取名为 mycentos。

```
docker run -it --name=mycentos centos:7 /bin/bash
```

这时通过 ps 命令查看，可以看到启动的容器，状态为启动状态，使用 exit 命令退出当前容器，然后用 ps -a 命令查看发现该容器也随之停止。

2. 守护式容器

创建一个守护式容器：对于一个需要长期运行的容器来说，可以创建一个守护式容器。命令如下（容器名称不能重复）。

```
docker run -di --name=mycentos2 centos:7
```

- 登录守护式容器的方式。

```
docker exec-it container_name (或者 container_id) /bin/bash(exit 退出时,容器不会
停止)
```

1.4.3　停止与启动容器

- 停止正在运行的容器。

```
docker stop $CONTAINER_NAME/ID
```

- 启动已运行过的容器。

```
docker start $CONTAINER_NAME/ID
```

1.4.4　文件复制

如果需要将文件复制到容器内可以使用 cp 命令。

```
docker cp 需要复制的文件或目录 容器名称:容器目录
```

也可以将文件从容器内复制出来。

```
docker cp 容器名称:容器目录 需要复制的文件或目录
#docker cp 用于容器与主机之间的数据复制
docker cp [OPTIONS] CONTAINER:SRC_PATH DEST_PATH |-
docker cp [OPTIONS] SRC_PATH |- CONTAINER:DEST_PATH
```

1）SRC_PATH 指定为一个文件，表示的含义如下。
- DEST_PATH 不存在：文件名为 DEST_PATH，内容为 SRC 的内容。
- DEST_PATH 不存在并且以 / 结尾：报错。
- DEST_PATH 存在并且是文件：目标文件内容被替换为 SRC_PATH 的文件内容。
- DEST_PATH 存在并且是目录：文件复制到目录内，文件名为 SRC_PATH 指定的名字。

2）SRC_PATH 指定为一个目录，表示的含义如下。
- DEST_PATH 不存在：DEST_PATH 创建文件夹，复制源文件夹内的所有内容。
- DEST_PATH 存在并且是文件：报错。
- DEST_PATH 存在并且是目录源文件复制到目录中。
- SRC_PATH 不以 /. 结束：源文件夹复制到目标中。
- SRC_PATH 以 /. 结束：源文件夹里面的内容复制到目标中。

1.4.5　目录挂载

可以在创建容器时，将宿主机的目录与容器内的目录进行映射，这样就可以通过修改宿主机某个目录的文件去影响容器。

创建容器，添加-v 参数，后边为宿主机目录：容器目录。

```
docker run -di -v /usr/local/myhtml:/usr/local/myhtml --name=mycentos2 centos:7
```

如果共享的是多级的目录，可能会出现权限不足（Permission denied）的提示。这是因为 CentOS 7 中的安全模块 selinux 把权限禁掉了，需要添加参数--privileged=true 来解决挂载的目录没有权限的问题。

1.4.6　查看容器 IP 地址

可以通过以下命令查看容器运行的各种数据。

```
docker inspect mycentos2
```

也可以直接执行下面的命令直接输出 IP 地址。

```
docker inspect --format='{{.NetworkSettings.IPAddress}}' mycentos2
```

1.4.7 删除容器

● 删除指定的容器。

```
docker rm $CONTAINER_ID/NAME
```

> **注意：**
>
> 只能删除停止的容器。

● 删除所有容器。

```
docker rm 'docker ps -a -q'
```

1.5 Dockerfile

1.5.1 什么是 Dockerfile

Dockerfile 是由一系列命令和参数构成的脚本，这些命令应用于基础镜像并最终创建一个新的镜像。

● 对于开发人员：可以为开发团队提供一个完全一致的开发环境。
● 对于测试人员：可以直接使用开发时所构建的镜像或者通过 Dockerfile 文件构建一个新的镜像。
● 对于运维人员：在部署时，可以实现应用的无缝移植。

1.5.2 常用命令

Dockerfile 是一个包含用于组合映像命令的文本文档。可以在命令行中调用任何命令。Docker 通过读取 Dockerfile 中的指令自动生成映像。

Dockerfile 一般分为四部分：基础镜像信息、维护者信息、镜像操作指令和容器启动时执行指令，# 为 Dockerfile 中的注释，Dockerfile 指令见表 1-1。

表 1-1   Dockerfile 指令

命　令	作　用
FROM image_name:tag	定义了使用哪个基础镜像启动构建流程
MAINTAINER user_name	声明镜像的创建者
ENV key value	设置环境变量（可以写多条）
RUN command	是 Dockerfile 的核心部分（可以写多条）
ADD source_dir/filedest_dir/file	将宿主机的文件复制到容器内，如果是一个压缩文件，将会在复制后自动解压
COPY source_dir/filedest_dir/file	和 ADD 相似，但是如果有压缩文件并不能解压
WORKDIR path_dir	设置工作目录
EXPOSE port1 prot2	用来指定端口，使容器内的应用可以通过端口和外界交互
CMD argument	在构建容器时使用，会被 docker run 后的 argument 覆盖
ENTRYPOINT argument	和 CMD 相似，但是并不会被 docker run 指定的参数覆盖
VOLUME	将本地文件夹或者其他容器的文件挂载到容器中

注意：

Docker 以从上到下的顺序运行 Dockerfile 的指令。为了指定基本映像，第一条指令必须是 FROM。一个声明以#字符开头则被视为注释。可以在 Docker 文件中使用 RUN、CMD、FROM、EXPOSE、ENV 等指令。

1.5.3   使用脚本创建镜像

1. 建立 JDK1.8 镜像

1）创建目录。

```
#在本地 Linux 机器创建一个工作目录
mkdir - p /usr/local/dockerjdk8
```

2）下载 jdk - 8u65 - linux - x64. tar. gz 并上传到服务器（虚拟机）中的/usr/local/dockerjdk8 目录。

如图 1-22 所示，JDK 服务已经上传成功。

```
[root@k8s-java12-node-02 jdk]# ll
total 177020
-rw-r--r-- 1 root root      175 May 13 06:23 Dockerfile
-rw-r--r-- 1 root root 181260798 Nov 13  2015 jdk-8u65-linux-x64.tar.gz
[root@k8s-java12-node-02 jdk]#
```

●图 1-22   jdk 安装包

3) 创建文件 Dockerfile。

```
#第一套配置
#依赖镜像名称和 ID
FROM centos:latest
#指定镜像创建者信息
MAINTAINER Hulk
#切换工作目录
WORKDIR /javaee
ADD jdk-8u65-linux-x64.tar.gz /javaee
#ADD 是相对路径 jar,把 java 添加到容器中
#配置 java 环境变量
ENV JAVA_HOME /usr/local/java/jdk1.8.0_65
ENV PATH $JAVA_HOME/bin:$PATH


#docker logs 6eeb1af46d04
#依赖镜像名称和 ID
FROM centos:latest
#指定镜像创建者信息
MAINTAINER Hulk
#切换工作目录
WORKDIR /javaee
ADD jdk-8u65-linux-x64.tar.gz /usr/local/java
#ADD 是相对路径 jar,把 java 添加到容器中
#配置 java 环境变量
ENV JAVA_HOME /usr/local/java/jdk1.8.0_65
ENV JRE_HOME $JAVA_HOME/jre
ENV CLASSPATH $JAVA_HOME/lib/dt.jar:$JAVA_HOME/lib/tools.jar:$JRE_HOME/
lib:$CLASSPATH
ENV PATH $JAVA_HOME/bin:$PATH
```

4) 执行命令构建镜像。

```
#构建镜像 -t -tag 指定镜像的名称版本
docker build -t='jdk1.8' .
#命令变形
docker build -t jdk1.8 .
#命令变形
docker build -t jdk1.8:v1 .
#指定 dockerfile
docker build -f java/dockerfile -t eureka:v1 .
```

> **注意:**
>
> docker build 构建镜像时，后边的空格和点不要省略。

5）查看镜像是否建立完成。

```
docker images
```

6）创建容器。

```
docker run - it - - name=myjdk8 jdk1.8 /bin/bash
```

经过测试，发现自己制作的镜像可以创建容器。

2. 创建 Eureka 镜像

1）进入控制台，在 Eureka 工程的目录下，执行 maven 命令。

```
#maven 编译
mvn clean package
#可使用 idea 工具自动构建
把生成的 jar 复制到 Linux 服务器
```

2）服务器创建/usr/local/dockereureka 目录，将生成的 supergo - eureka - 1.0 - SNAP-SHOT. jar 上传到服务器的此目录。

3）创建文件 Dockerfile。

```
#注意空格及一些特殊符号(如-)的编码问题,要严格按照要求使用,否则无法构建镜像
FROM jdk1.8
VOLUME /tmp
ADD supergo-eureka-1.0-SNAPSHOT.jar /usr/local/
ENTRYPOINT ["java","- jar","/usr/local/supergo-eureka-1.0-SNAPSHOT.jar"]
```

4）创建镜像。

```
docker build - t='eureka' .
```

5）创建容器。

```
docker run - di - - name=myeureka - p 6868:6868 eureka
```

1.6 容器化部署实例

前面已经介绍了 Docker 容器化相关的技术，接下来使用 Docker 容器来进行一些服务的部署，进一步认知如何使用容器化进行服务的部署。

1.6.1 部署 Tomcat

使用 Docker 容器化技术来部署 Tomcat，以及使用 Docker 容器部署服务的一些具体操作

如下。

```
docker pull tomcat:jdk8-openjdk-slim
#官方 docker exec -it
docker run -it --rm -p 8080:8080 tomcat:9.0
docker stop fe546673ee19 11e476bb37b6 #批量
docker ps -aq #找到所有容器的 ID
##默认的删除方式
docker stop $ (docker ps -aq)
docker rm $ (docker ps -aq)
##一步到位的删除方式
docker rm -f $ (docker ps -aq)
docker run -d -p 8080:8080 --name tomcat -v /idata/tomcat/webapp:/usr/local/
tomcat/webapps tomcat:9.0
```

说明：在宿主机/idata/tomcat/webapp 目录下建立和容器的映射关系，以后就可以直接在此目录下部署应用程序了。

1.6.2 部署 MySQL

使用 Docker 容器部署 MySQL，如果进行单机部署，部署是非常简单的，只需要注意数据存储的映射问题即可。

```
#部署 MySQL 服务
docker run -p 3306:3306 --name mysql \
-v /idata/mysql/log:/var/log/mysql \
-v /idata/mysql/data:/var/lib/mysql \
-v /idata/mysql/conf:/etc/mysql \
-e MYSQL_ROOT_PASSWORD=root \
-d mysql:5.7
#登录 MySQL
docker exec -it mysql mysql -uroot -proot
```

配置 MySQL 集群，实现主从模式的容器化部署。

```
#配置 MySQL 主从复制
#创建 Master
docker run -p 3306:3306 --name mysql-master \
-v /idata/mysql/log:/var/log/mysql \
-v /idata/mysql/data:/var/lib/mysql \
-v /idata/mysql/conf:/etc/mysql \
-e MYSQL_ROOT_PASSWORD=root \
-d mysql:5.7
```

```
##配置文件
vim /idata/mysql/conf/my.cnf
[client]
default-character-set=utf8

[mysql]
default-character-set=utf8

[mysqld]
init_connect='SET collation_connection = utf8_unicode_ci'
init_connect='SET NAMES utf8'
character-set-server=utf8
collation-server=utf8_unicode_ci
skip-character-set-client-handshake
skip-name-resolve

server_id=1
log-bin=mysql-bin
read-only=0
binlog-do-db=icoding_test

replicate-ignore-db=mysql
replicate-ignore-db=sys
replicate-ignore-db=information_schema
replicate-ignore-db=performance_schema

#创建 Slaver,和 Master 一致,配置文件修改如下即可
server_id=2
log-bin=mysql-bin
read-only=1
binlog-do-db=icoding_test

replicate-ignore-db=mysql
replicate-ignore-db=sys
replicate-ignore-db=information_schema
replicate-ignore-db=performance_schema
```

注意:

配置 master 在容器中的实现方式,还需要注意以下问题。

1）添加用来同步的用户。

```
GRANT REPLICATION SLAVE ON *.* to 'backup'@'%' identified by '123456';
```

2）查看 Master 的状态。

```
show master status \G;
```

3）配置 Slave。

```
change master to master_host='mysql-master',master_user='backup',
master_password='123456',
master_log_file='mysql-bin.000003',
master_log_pos=0,master_port=3306;
start slave;
show slave status \G;
```

1.6.3 部署 Nginx

1）任意启动一个 Nginx 实例，复制出配置。

```
docker run -p 80:80 --name nginx -d nginx:1.10
```

2）将容器内的配置文件复制到当前目录。

```
mkdir -p /idata/nginx/conf
docker container cpnginx:/etc/nginx/. /idata/nginx/conf
```

3）创建新的 Nginx，执行以下命令。

```
docker run -p 80:80 --namenginx \
-v /idata/nginx/html:/usr/share/nginx/html \
-v /idata/nginx/logs:/var/log/nginx \
-v /idata/nginx/conf:/etc/nginx \
-dnginx:1.10
```

4）Nginx 的 html 下的所有资源可以直接访问。

1.6.4 部署 Redis

Redis 单机部署，使用 Docker 容器化模式进行部署。

```
mkdir -p /idata/redis/conf
touch /idata/redis/conf/redis.conf


docker run -p 6379:6379 --nameredis -v /idata/redis/data:/data \
-v /idata/redis/conf:/etc/redis \
```

```
-dredis:5.0.9-alpine3.11 redis-server /etc/redis/redis.conf
```

Redis 集群部署模式,3 主 3 从模式进行部署:

```
#安装 redis-cluster;3 主 3 从方式,从为了同步备份,主进行 slot 数据分片
##单机情况下可以如下操作
## cluster-announce-ip 192.168.56.10 为自己服务器的 IP 地址
for port in $ (seq 7001 7006); \
do \
mkdir -p /mydata/redis/node- ${port}/conf
touch /mydata/redis/node- ${port}/conf/redis.conf
cat << EOF >/mydata/redis/node- ${port}/conf/redis.conf
port ${port}
cluster-enabled yes
cluster-config-file nodes.conf
cluster-node-timeout 5000
cluster-announce-ip 172.26.65.131
cluster-announce-port ${port}
cluster-announce-bus-port 1 ${port}
appendonly yes
EOF
docker run -p ${port}: ${port} -p 1 ${port}:1 ${port} --nameredis- ${port} \
-v /mydata/redis/node- ${port}/data:/data \
-v /mydata/redis/node- ${port}/conf/redis.conf:/etc/redis/redis.conf \
-dredis:5.0.9-alpine3.11 redis-server /etc/redis/redis.conf; \
done
docker stop $ (docker ps -a |grepredis-700 | awk '{ print $1}')
docker rm $ (docker ps -a |grepredis-700 | awk '{ print $1}')


##建立集群
docker exec -it redis-7001 /bin/sh
redis - cli - - cluster  create  172.26.65.131: 7001  172.26.65.131: 7002
172.26.65.131:7003 172.26.65.131:7004 172.26.65.131:7005 172.26.65.131:7006 -
-cluster-replicas 1


redis-cli -c -h 192.168.56.10 -p 7006   # -c 方式连接
#测试
cluster info,cluster node;
#模拟网络分离的情况
docker network createredis --subnet 172.38.0.0/16
for port in $ (seq 1 6); \
do \
mkdir -p /mydata/redis/node- ${port}/conf
touch /mydata/redis/node- ${port}/conf/redis.conf
```

```
cat << EOF >/mydata/redis/node- ${port}/conf/redis.conf
port 6379
bind 0.0.0.0
cluster-enabled yes
cluster-config-file nodes.conf
cluster-node-timeout 5000
cluster-announce-ip 172.38.0.1 ${port}
cluster-announce-port 6379
cluster-announce-bus-port 16379
appendonly yes
EOF
done
#运行容器
docker run -p 637 ${port}:6379 -p 1637 ${port}:16379 --name redis- ${port} \
-v /mydata/redis/node- ${port}/data:/data \
-v /mydata/redis/node- ${port}/conf/redis.conf:/etc/redis/redis.conf \
-d --netredis --ip 192.168.0.1 ${port} redis:5.0.9-alpine3.11 redis-server /
etc/redis/redis.conf; \


docker run -p 6371:6379 -p 16371:16379 --name redis-1 \
-v /mydata/redis/node-1/data:/data \
-v /mydata/redis/node-1/conf/redis.conf:/etc/redis/redis.conf \
-d --netredis --ip 172.38.0.11 redis:5.0.9-alpine3.11 redis-server /etc/
redis/redis.conf


docker run -p 6376:6379 -p 16376:16379 --name redis-6 \
-v /mydata/redis/node-6/data:/data \
-v /mydata/redis/node-6/conf/redis.conf:/etc/redis/redis.conf \
-d --netredis --ip 172.38.0.16 redis:5.0.9-alpine3.11 redis-server /etc/
redis/redis.conf


docker exec -it redis-1 /bin/sh
redis-cli --cluster create 172.38.0.11:6379 172.38.0.12:6379 172.38.0.13:6379
172.38.0.14:6379 172.38.0.15:6379 172.38.0.16:6379 --cluster-replicas 1
```

1.7　备份与迁移

1. 容器保存为镜像

可以通过以下命令将容器保存为镜像。

```
docker commit my_nginx mynginx
```

- my_nginx 是容器名称。
- mynginx 是新的镜像名称。

此镜像的内容就是当前容器的内容，接下来可以用此镜像再次运行新的容器。

2. 镜像备份

```
docker  save -o mynginx.tar mynginx
```

-o 后是输出的文件。执行后，运行 ls 命令即可看到打成的 tar 包。

3. 镜像恢复与迁移

首先删除 mynginx 镜像，然后执行此命令进行恢复。

```
docker load -i mynginx.tar
```

-i 后是输入的文件。执行后再次查看镜像，可以看到镜像已经恢复。

1.8　本章小结

　　容器化技术已经成为当下企业服务部署的标准，越来越多的企业开始把服务部署在容器中。这种服务部署架构形式形成了当下容器云的时代，容器云的构建必须借助容器云的操作系统 Kubernetes 来实现，Kubernetes 可以帮助用户更完美地实现服务调度和发布。

　　本章介绍了 Docker 容器化技术的基本架构、容器组件、安装与部署的基础知识。同时介绍了 Docker 的容器、镜像的操作等，让读者对 Docker 运作的机制有了更加深刻的认知。本章也对 Dockerfile 的使用方法做了深度的分析，同时使用多个案例对服务的容器化部署进行了解读。

　　本章的目的是帮助读者熟悉 Docker 的基本使用方法，了解 Docker 的工作原理，同时掌握 Docker 部署服务的操作方法。

第2章
容器编排技术 Kubernetes

本章将带领读者从总体上了解 Kubernetes 的功能及应用，同时带领读者搭建一套 Ku-Kubernetes 集群，并了解集群中节点的运行机制。有了这套环境，读者才能够去践行本书后面的内容，"纸上得来终觉浅，绝知此事要躬行"。

2.1 初识 Kubernetes

真正的生产型应用会涉及多个容器，这些容器必须跨多个服务器主机进行部署。Ku-Kubernetes 可以提供用户所需的编排和管理功能，以便用户针对这些工作负载进行大规模容器部署。借助 Kubernetes 编排功能，用户可以构建多个容器的应用服务，跨集群调度、扩展这些容器，并长期持续管理这些容器的健康状况。

2.1.1 Kubernetes 概述

Kubernetes 在 Borg（Borg 是谷歌的一个久负盛名、内部使用的大规模集群管理系统，它基于容器技术，目的是实现资源管理的自动化，以及跨多个数据中心的资源利用率的最大化）的基础上，汲取了 Borg 过去十年间的经验与教训，Kubernetes 中有很多先进的设计理念，一经开源就一鸣惊人，并迅速称霸容器领域。2015 年 7 月 Google 公司正式对外发布了 Kubernetes v1.0，意味着这个开源容器编排系统可以正式在生产环境中使用。

使用 Kubernetes 有如下明显优势：Kubernetes 提供了一个便捷、有效的 PaaS 平台，让用户可以在物理机和虚拟机集群上调用和运行容器，可以帮助用户在生产环境中完全实施并依托基于容器的基础架构运营。由于 Kubernetes 的实质在于实现操作任务自动化，所以用户可以将其他应用平台或管理系统分配给用户的许多相同的任务交给容器来执行。

目前，Kubernetes 已经成为了容器编排领域的事实标准，国内的很多公司，如阿里、字节、腾讯等；也都在使用 Kubernetes 进行应用的容器化改造，构建企业的容器云平台。

2.1.2 Kubernetes 能做什么

Kubernetes 是一个全新的基于容器技术的分布式架构解决方案，并且是一个一站式、完备的分布式系统开发和支撑平台。Kubernetes 为用户提供了以下功能。

- 服务发现和负载均衡：Kubernetes 可以使用 DNS 名称或自己的 IP 地址公开容器，如果进入容器的流量很大，Kubernetes 可以负载均衡并分配网络流量，从而使部署稳定。
- 存储编排：Kubernetes 允许用户自动挂载用户选择的存储系统，如本地存储、公共云提供商等。
- 自动部署和回滚：可以使用 Kubernetes 描述已部署容器所需的状态，它可以以受控的速率将实际状态更改为期望状态。例如，可以自动化 Kubernetes 来为创建新容器，删除现有容器并将它们的所有资源用于新容器。

- 自动完成装箱计算：Kubernetes 允许用户指定每个容器所需的 CPU 和内存（RAM）。当容器指定了资源请求时，Kubernetes 可以做出更好的决策来管理容器的资源。
- 自我修复：Kubernetes 重新启动失败的容器、替换容器、终止不响应用户定义的运行状况检查的容器，并且在准备好服务之前不将其通告给客户端。
- 密钥与配置管理：Kubernetes 允许用户存储和管理敏感信息，如密码、OAuth 令牌和 SSH 密钥。用户可以在不重建容器镜像的情况下部署和更新密钥及应用程序的配置，也无须在堆栈配置中暴露密钥。

2.2　Kubernetes 的安装

很多读者在学习 Kubernetes 的路上，搁浅在了搭建 Kubernetes 集群这一步，本节将带领读者手把手搭建一套 Kubernetes 集群。安装 Kubernetes 的方法有很多，比较成熟与简便的办法是采用 kubeadm 来进行安装。如果采用二进制的方式安装会非常烦琐。

2.2.1　环境准备

（1）机器配置要求

Kubernetes 集群中的机器被划分一个 Master 节点和一群 Worker 节点。本套 Kubernetes 集群需要三台机器，一台安装 Master，两台安装 Worker。

1）机器环境准备。

- 用作控制平面节点的计算机至少要有两个 CPU。
- 每台机器 2 GB 以上的内存，内存不足时应用会受限制。
- Linux 内核：Linux 内核必须是 4 版本以上，否则需要把 Linux 核心进行升级。
- 集群中所有计算机之间具有完全的网络连接。可以使用公共网络或专用网络。

2）准备 3 台虚拟机环境，操作系统为 CentOS7。

- Kubernetes-Master01：此机器用来安装 Kubernetes Master 的操作环境。
- Kubernetes-Worker01：此机器用来安装 Kubernetes Worker 节点的环境。
- Kubernetes-Worker02：此机器用来安装 Kubernetes Worker 节点的环境。

（2）设置主机名

分别在对应机器上执行以下命令，给每一台机器设置主机名。

```
hostnamectl set-hostname Kubernetes-Master01
hostnamectl set-hostname Kubernetes-Worker01
hostnamectl set-hostname Kubernetes-Worker02
```

（3）修改主机 Host

在每台机器上修改目录/etc 下的 hosts 文件，在 hosts 文件中添加以下内容。

```
192.168.8.11Kubernetes-Master01
192.168.8.22Kubernetes-Worker01
192.168.8.33Kubernetes-Worker02
```

（4）机器时间同步

通过 date 命令校验三台机器的时间是否正确，如不正确，执行以下命令，修改机器的时区。

timedatectl set-timezone Asia/Shanghai

（5）禁用交换分区

关闭 swap 分区（虚拟内存）并且永久关闭虚拟内存的执行命令如下。

```
swapoff -a && sed -i '/swap /s/^\(.*\)$/#\1/g' /etc/fstab
```

（6）Linux 内核参数调整

配置参数如图 2-1 所示，输出到文件 Kubernetes. conf 中。

```
cat > kubernetes.conf <<EOF
net.bridge.bridge-nf-call-iptables=1
net.bridge.bridge-nf-call-ip6tables=1
net.ipv4.ip_forward=1
net.ipv4.tcp_tw_recycle=0
vm.swappiness=0
vm.overcommit_memory=1
vm.panic_on_oom=0
fs.inotify.max_user_instances=8192
fs.inotify.max_user_watches=1048576
fs.file-max=52706963
fs.nr_open=52706963
net.ipv6.conf.all.disable_ipv6=1
net.netfilter.nf_conntrack_max=2310720
EOF
```

●图 2-1　配置参数

执行以下命令，将优化内核文件复制到/etc/sysctl. d/文件夹下，这样优化文件开机的时候能够被调用。

```
cpKubernetes.conf /etc/sysctl.d/Kubernetes.conf
```

执行以下命令，手动刷新，让优化文件立即生效。

```
sysctl -p /etc/sysctl.d/Kubernetes.conf
```

（7）安装相关依赖包

在每台机器上执行命令，如图 2-2 所示。

```
yum install -y conntrack ntpdate ntp ipvsadm ipset jq iptables curl sysstat libseccomp wget
yum install -y vim net-tools git iproute lrzsz bash-completion tree bridge-utils unzip
yum install -y bind-utils gcc
```

●图 2-2　安装依赖包命令

2.2.2 安装 Docker

在每台机器上都安装 Docker，具体的安装步骤参照第一章，这里不再赘述。

2.2.3 安装 kubeadm、kubelet 和 kubectl

为了安装 Kubernetes 集群，需要在每台机器上安装以下软件包。
- kubeadm：用来初始化集群的指令。
- kubelet：用来在集群中的每个节点上启动 Pod 和容器等。
- kubectl：用来与集群通信的命令行工具。

安装 Kubernetes 时，Kubernetes 官网给的 yum 源是 packages. cloud. google. com，因为防火墙的原因，国内无法访问。此时可以使用阿里云 yum 仓库中的 Kubernetes 镜像源 https://mirrors. aliyun. com/Kubernetes/yum/repos/Kubernetes-el7-x86_64/。

在系统中，添加 Kubernetes 的 yum 源，写入文件/etc/yum. repos. d/Kubernetes. repo 的内容如图 2-3 所示。

```
cat <<EOF > /etc/yum.repos.d/kubernetes.repo
[kubernetes]
name=Kubernetes
baseurl=https://mirrors.aliyun.com/kubernetes/yum/repos/kubernetes-el7-x86_64/
enabled=1
gpgcheck=1
repo_gpgcheck=1
gpgkey=https://mirrors.aliyun.com/kubernetes/yum/doc/yum-key.gpg
https://mirrors.aliyun.com/kubernetes/yum/doc/rpm-package-key.gpg
EOF
```

●图 2-3 yum 源修改

执行以下命令，关闭防火墙。

```
setenforce 0
```

可以使用如下命令查看仓库软件支持版本，这里选择安装 1.18.6 的版本。

```
yum list kubelet --showduplicates | sort -r
```

使用以下命令进行指定版本的部署。

```
yum -y install kubelet-1.18.6  kubeadm-1.18.6  kubectl-1.18.6
```

成功安装的提示如下，如图 2-4 所示。

```
已安装:
kubeadm.x86_64 0:1.18.6-0                      kubectl.x86_64 0:1.18.6-0
kubelet.x86_64 0:1.18.6-0
```

●图 2-4 kubelet、kubeadm、kubectl 安装成功截图

```
作为依赖被安装：
cri-tools.x86_64 0:1.13.0-0                    kubernetes-cni.x86_64 0:0.8.7-0
socat.x86_64 0:1.7.3.2-2.el7

完毕!
```

●图 2-4　kubelet、kubeadm、kubectl 安装成功截图（续）

执行以下命令，将 kubelet 设置为开机自启动。

```
systemctl enable kubelet && systemctl start kubelet
```

2.2.4　Master 初始化

在 Master 节点上执行如图 2-5 所示的命令，进行主控制平面的初始化。

```
kubeadm init --kubernetes-version=v1.18.6 --image-repository
fvn7v6mj.mirror.aliyuncs.com/mirrorgcrio --pod-network-cidr=10.244.0.0/16 --service-
cidr=10.96.0.0/12 --ignore-preflight-errors=Swap
```

●图 2-5　初始化控制平面的命令

上面的命令中的参数说明如下。
- Kubernetes-version：指定 Kubernetes 集群的版本。
- image-repository：指定镜像的镜像仓库，这个参数很重要，否则默认会去国外的镜像仓库下载，可能会无法下载。
- pod-network-cidr：指定 Kubernetes 集群中 Pod 的网络地址段。
- service-cidr：指定 Kubernetes 集群中 Service 的网络地址段。

如图 2-6 所示，当提示如下信息时，表明已经安装成功，同时注意提示中的两类重要信息。

```
Your Kubernetes control-plane has initialized successfully!

To start using your cluster, you need to run the following as a regular user:

  mkdir -p $HOME/.kube
  sudo cp -i /etc/kubernetes/admin.conf $HOME/.kube/config
  sudo chown $(id -u):$(id -g) $HOME/.kube/config

You should now deploy a pod network to the cluster.
Run "kubectl apply -f [podnetwork].yaml" with one of the options listed at:
  https://kubernetes.io/docs/concepts/cluster-administration/addons/

Then you can join any number of worker nodes by running the following on each as root:

kubeadm join 192.168.8.11:6443 --token 2nng8k.3pyptvx6p3ryh860 \
    --discovery-token-ca-cert-hash
sha256:431c932a3dd640368a9d60db994cddf7707c97b45d861ba03f6fbd2cfc1471f0
```

●图 2-6　Master 初始化成功截图

- 按照提示进行 Master 节点的初始化。
- 记录提示信息中的从节点加入集群的命令。

按照初始步骤中提示的命令, 在 Master 节点上进行以下三步操作。

1) 执行如下命令, 创建目录, 保存连接, 配置缓存, 认证文件。

```
mkdir -p $HOME/.kube
```

2) 执行如下命令, 复制集群管理配置文件。

```
sudo cp -i /etc/Kubernetes/admin.conf $HOME/.kube/config
```

3) 执行如下命令, 授权给配置文件。

```
sudochown $(id -u):$(id -g) $HOME/.kube/config
```

此时, 在 Master 节点上查看 Kubernetes 集群中的节点运行情况, 如图 2-7 所示, 发现节点的运行状态为 NotReady, 这是因为网络插件还没有安装。

```
[root@kubernetes-master01 ~]# kubectl get nodes
NAME                  STATUS      ROLES    AGE    VERSION
kubernetes-master01   NotReady    master   79s    v1.18.6
```

●图 2-7 查看节点运行情况

2.2.5 安装网络插件

网络的插件有很多, 本文采用 flannel 插件, 执行以下命令, 先在 Master 节点上从网络下载 flannel 的 yml 文件。

```
wget https://raw.githubusercontent.com/coreos/flannel/master/Documentation/
kube-flannel.yml
```

然后在 Master 节点上进行安装, 安装的提示信息如图 2-8 所示。

```
[root@kubernetes-master01 ~]# kubectl apply -f kube-flannel.yml
podsecuritypolicy.policy/psp.flannel.unprivileged created
clusterrole.rbac.authorization.k8s.io/flannel created
clusterrolebinding.rbac.authorization.k8s.io/flannel created
serviceaccount/flannel created
configmap/kube-flannel-cfg created
daemonset.apps/kube-flannel-ds created
```

●图 2-8 安装网络插件

此时, 在 Master 节点上查看 Kubernetes 集群的节点信息, 节点的状态已经变成了 Ready 状态, 如图 2-9 所示。

```
[root@kubernetes-master01 ~]# kubectl get nodes
NAME                  STATUS   ROLES    AGE    VERSION
kubernetes-master01   Ready    master   5m1s   v1.18.6
```

●图 2-9 安装网络插件后的节点状态

2.2.6　Worker 加入集群

分别在 Worker 节点上执行加入集群的命令（在主节点初始化时提示的信息），如图 2-10 所示。

```
kubeadm join 192.168.8.11:6443 --token 2nng8k.3pyptvx6p3ryh860 \
    --discovery-token-ca-cert-hash
sha256:431c932a3dd640368a9d60db994cddf7707c97b45d861ba03f6fbd2cfc1471f0
```

●图 2-10　加入集群的命令

Worker 节点加入 Kubernetes 集群成功，提示如图 2-11 所示信息。

```
This node has joined the cluster:
* Certificate signing request was sent to apiserver and a response was received.
* The Kubelet was informed of the new secure connection details.

Run 'kubectl get nodes' on the control-plane to see this node join the cluster.
```

●图 2-11　节点加入 Kubernetes 集群的提示信息

此时，在 Master 节点上查看 Kubernetes 集群的信息，如图 2-12 所示，可能部分节点为 NotReady 的状态，节点加入的过程会需要一点时间。

```
[root@kubernetes-master01 ~]# kubectl get nodes
NAME                   STATUS     ROLES     AGE      VERSION
kubernetes-master01    Ready      master    6m48s    v1.18.6
kubernetes-worker01    NotReady   <none>    34s      v1.18.6
kubernetes-worker02    Ready      <none>    34s      v1.18.6
```

●图 2-12　Kubernetes 集群中节点的状态（部分节点 NotReady）

一小段时间后，再次在 Master 节点上查看 Kubernetes 集群的信息，如图 2-13 所示，节点都已经加入成功了。

```
[root@kubernetes-master01 ~]# kubectl get nodes
NAME                   STATUS    ROLES     AGE      VERSION
kubernetes-master01    Ready     master    7m21s    v1.18.6
kubernetes-worker01    Ready     <none>    67s      v1.18.6
kubernetes-worker02    Ready     <none>    67s      v1.18.6
```

●图 2-13　Kubernetes 集群中节点的状态（节点加入成功）

在 Master 节点上查看节点中 Pod 的信息，如图 2-14 所示，发现里面有很多的 Pod，具体的作用将在下一小节中说明。

```
[root@kubernetes-master01 ~]# kubectl get pods -n kube-system
NAME                                             READY   STATUS    RESTARTS   AGE
coredns-589b87488-dsmv8                          1/1     Running   0          42m
coredns-589b87488-pc8tp                          1/1     Running   0          42m
etcd-kubernetes-master01                         1/1     Running   0          42m
kube-apiserver-kubernetes-master01               1/1     Running   0          42m
kube-controller-manager-kubernetes-master01      1/1     Running   0          42m
kube-flannel-ds-5w25c                            1/1     Running   0          38m
kube-flannel-ds-8m9vv                            1/1     Running   0          36m
kube-flannel-ds-j9bbc                            1/1     Running   0          36m
kube-proxy-5gddj                                 1/1     Running   0          42m
kube-proxy-b67l7                                 1/1     Running   0          36m
kube-proxy-nnstx                                 1/1     Running   0          36m
kube-scheduler-kubernetes-master01               1/1     Running   0          42m
```

●图 2-14　Kubernetes 集群中 kube-system 命名空间中运行的 Pod

2.3　Kubernetes 集群总览

如图 2-15 所示，Kubernetes 中的节点分为两类。

- Master 节点：也称为控制平面，是 Kubernetes 集群的大脑，其中包括如下组件。
  - kube-apiserver：管理员操作整个 Kubernetes 集群的入口。
  - etcd：kube-apiserver 的后台数据存储。
  - kube-scheduler：集群的调度器。
  - kube-controller-manager：控制管理器，保证 Kubernetes 集群中的资源按照要求运行。
- Worker 节点：负责 Pod 的运行。
  - kubelet：负责与 Master 节点交互，进而执行具体的任务。
  - kube-proxy：负责 Kubernetes 集群中的负载均衡。
  - 容器运行时：负责容器的操作，启动或者关闭等。

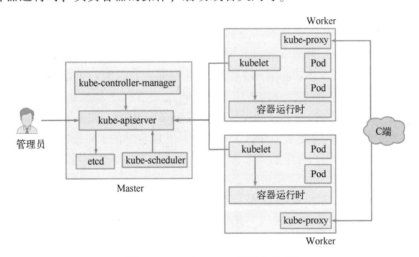

●图 2-15　Kubernetes 集群中的组件

2.4　Worker 节点的运行机制

Kubernetes 集群已经搭建完成，Pod 是 Kubernetes 中的很重要的概念，是运行紧密相关的容器的集合，那么在 Worker 节点上有哪些 Pod 在运行呢？通过过滤命令，可以查出，如图 2-16 所示的结果，命令中的参数说明如下。

- -o wide：让 Pod 显示出更多的详细的信息，这里关注的是 Pod 所在节点的名字。
- grep kubernetes-worker：搜索节点名字为本文之前定义的 kubernetes-worker 的 Pod。
- kubectl：是直接操作 Kubernetes 集群的命令，是直接在 Master 节点上进行操作。

```
[root@kubernetes-master01 ~]# kubectl get pod -n kube-system -o wide | grep kubernetes-worker
kube-flannel-ds-8m9vv                    1/1       Running    0          kubernetes-worker01
kube-flannel-ds-j9bbc                    1/1       Running    0          kubernetes-worker02
kube-proxy-b67l7                         1/1       Running    0          kubernetes-worker01
kube-proxy-nnstx                         1/1       Running    0          kubernetes-worker02
```

●图 2-16　查看 Pod 运行的节点

可以看到，每个 Worker 节点上都运行着以下 Pod。

- kube-flannel：本文安装的网络插件，用来保证整个 Kubernetes 集群中给 Pod 分配的 IP 地址的唯一性，保证跨机器节点的网络互通。
- kube-proxy：Kubernetes 中有 Service 的重要概念，Service 的负载均衡功能由 kube-proxy 来提供，本文后面会对 Service 的概念进行重点说明。

Worker 节点的主要核心任务是运行 Pod，也就是运行容器，所以 Worker 节点上一定要有容器运行时。

作为 Worker 节点，节点相关运行情况的上报，以及 Master 节点发出命令的执行，都是 kubelet 来负责的。

1. kubelet

在 Kubernetes 集群中，每个 Node 上都会启动一个 kubelet 服务进程。该进程用于处理 Master 下发到本节点的任务，管理 Pod 及 Pod 中的容器。每个 kubelet 进程都会在 API Server 上注册节点自身的信息，定期向 Master 汇报节点资源的使用情况，并监控容器和节点资源。

kubelet 在启动时通过 kube-apiserver 注册节点信息，并定时向 kube-apiserver 发送节点的新消息，kube-apiserver 在接收到这些信息后，将这些信息写入 etcd。

kubelet 监听 etcd，所有针对 Pod 的操作都会被 kubelet 监听。如果发现有新的绑定到本节点的 Pod，则按照 Pod 清单的要求创建该 Pod。如果发现本地的 Pod 被修改，则 kubelet 会做出相应的修改，比如在删除 Pod 中的某个容器时，会通过操作本地容器运行时删除该容器。

2. kube-proxy

在 Kubernetes 集群的每个 Node 上都会运行一个 kube-proxy 服务进程，可以把这个进程看作 Service 的透明代理兼负载均衡器，其核心功能是将到某个 Service 的访问请求转发到后端的多个 Pod 实例上。

3. 容器运行时

容器运行时，顾名思义，就是负责容器的启动和关闭，目前最著名的容器运行时就是 Docker。

Kubernetes 为了更好地兼容各种容器运行，设计了 CRI 的概念，就是容器运行时接口，各种容器运行时需要去实现容器运行时接口。这样 kubelet 不管在操作什么容器时，都能够直接通过标准的接口去操作，而不必像最初那样去自己实现各种容器运行时的对接。

2.5　Master 节点的运行机制

Kubernetes 集群中的 Master 节点上有哪些 Pod 在运行呢？通过过滤命令，可以查出如图 2-17 所示的结果，命令中的参数说明如下。

- -o wide：让 Pod 显示出更多详细的信息，这里关注的是 Pod 所在节点的名字。
- grep kubernetes – master01：搜索节点名字为本文之前定义的 kubernetes – master01 的 Pod。

```
[root@kubernetes-master01 ~]# kubectl get pod -n kube-system -o wide | grep kubernetes-master01
coredns-589b87488-dsmv8                          1/1      Running    0      kubernetes-master01
coredns-589b87488-pc8tp                          1/1      Running    0      kubernetes-master01
etcd-kubernetes-master01                         1/1      Running    0      kubernetes-master01
kube-apiserver-kubernetes-master01               1/1      Running    0      kubernetes-master01
kube-controller-manager-kubernetes-master01      1/1      Running    0      kubernetes-master01
kube-flannel-ds-5w25c                            1/1      Running    0      kubernetes-master01
kube-proxy-5gddj                                 1/1      Running    0      kubernetes-master01
kube-scheduler-kubernetes-master01               1/1      Running    0      kubernetes-master01
```

●图 2-17　集群中的运行的 Pod

可以看到，Master 上运行着以下 Pod。
- coredns：Kubernetes 集群的 DNS 服务。
- etcd：Kubernetes 集群状态的数据存储。
- kube-apiserver：Kubernetes 集群操作的 API 接口，对 Kubernetes 的所有操作都是直接或间接地操作 kube-apiserver。
- kube-controller-manager：控制管理器，用来管理 Kubernetes 集群中的资源。
- kube-scheduler：Kubernetes 集群的调度器，用来决定如何将 Pod 调度到具体的节点上。
- kube-flannel：网络组件。
- kube-proxy：负责 Service 的负载均衡。

1. kube-apiserver

kube-apiserver 的核心功能是提供了 Kubernetes 集群中各种资源的操作接口，如增、删、改、查及 Watch 等。kube-apiserver 是集群内各功能模块之间数据交互和通信的中心枢纽，是整个 Kubernetes 集群的数据总线和数据中心。其中的 Watch 接口，可以实时关注某类资源的实时状态情况。kube-apiserver 也具备以下功能。
- 集群管理的 API 入口。
- 资源配额控制的入口。
- 提供了完备的集群安全机制。

2. kube-controller-manager

kube-controller-manager 是 Kubernetes 中的资源管理器。Kubernetes 集群中有很多的资源，如 Node、Pod 副本、服务端点 Endpoint、命名空间 Namespace、服务账号 ServiceAccount 及资源定额 ResourceQuota 等。kube-controller-manager 负责这些资源的管理，以保证这些资源实际运行的状态达到这些资源被期望的状态。

3. kube-scheduler

kube-scheduler 是 Kubernetes 集群中的调度器。kube-scheduler 的作用是将待调度的 Pod 按照特定的调度算法和调度策略绑定到集群中某个合适的 Node 上，并将绑定信息通过调用 kube-apiserver 写入 etcd 中。

4. etcd

Kubernetes 集群的数据中心类似于微服务中的数据库的角色，Kubernetes 集群常用的数据存储为 etcd，根据具体的情况，也可以使用其他存储。

2.6 Pod 的创建流程

以创建 Pod 为例，如图 2-18 所示，来理解 Kubernetes 集群中各种组件的运行流程。

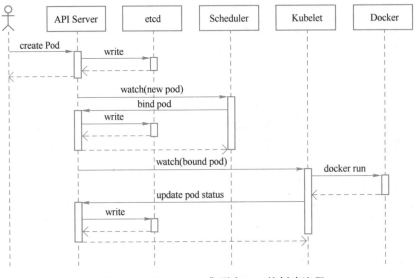

●图 2-18　Kubernetes 集群中 Pod 的创建流程

1）通过 kube-apiserver 向集群发起创建 Pod 的指令，kube-apiserver 将此命令写入 etcd 中。

2）kube-scheduler 通过 kube-apiserver 的 watch 接口监测到集群中有创建 Pod 的需求，于是根据调度的策略和算法，选出最合适的节点。

3）kube-scheduler 将 Pod 与计算出的最优节点的信息，通过 kube-apiserver 接口写入 etcd。

4）最优节点 kubelet 通过 kube-apiserver 的 watch 接口监测到 Pod 与节点的绑定信息，于是本地执行 Pod 的创建，并将信息通过 kube-apiserver 接口写入 etcd。

5）至此，Pod 真正创建完毕。如果因为某些原因 Pod 出现了问题，集群中的 kube-controller-manager 会向 kube-apiserver 发起创建的请求。

2.7 本章小结

本章带领读者了解了 Kubernetes 的基本功能，同时搭建了一套 Kubernetes 的集群环境，并介绍了 Kubernetes 中的 Master 节点与 Worker 节点中的组件，以及这些组件是如何互相协作的。

第 3 章

Kubernetes 核心原理与实践

本章将带领读者去理解 Kubernetes 中最重要的核心原理，通过对这些原理的实践，使应用成功运行在 Kubernetes 集群中。这里需要说明一下，管理员向 Kubernetes 发起集群的一种很重要的方式是通过 kubectl 命令行，应用的组织形式可以使用 yml 文件进行定义，读者可以将 yml 文件理解为管理员与 Kubernetes 集群约定的一种协议。为了读者更好地理解这些概念，本章会结合大量实例，建议读者多去实践。

3.1 Pod——最小调度单位

Pod 是 Kubernetes 中的最小调度单位，应用容器就运行在 Pod 内。Node 是运行 Pod 的机器，一个 Node 上可以运行很多个 Pod。可以说 Pod 是 Kubernetes 中最重要的概念。

3.1.1 初识 Pod

一个 Pod 是一组容器的集合，这组容器是紧密相关的，它们共享网络和存储等资源。每个 Pod 内都运行着一个 Init 的基础容器，其他的容器是在 Init 容器上建立起来的。同一个 Pod 内的容器共享 Init 容器建立起来的网络和存储资源。

如图 3-1 所示，一个 Pod 中运行着 A、B、C 三个容器，它们都是在 Init 容器启动后创建的，Init 容器负责构建整个 Pod 的网络与存储等资源。整个 Pod 中的容器都共享存储与网络。

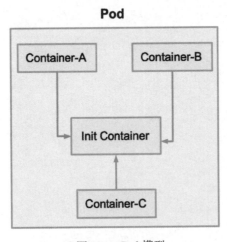

●图 3-1　Pod 模型

下面在 Kubernetes 集群中创建第一个 Pod。
执行以下命令。

```
vim pod-busy-nginx.yaml
```

pod-busy-nginx. yaml 中的代码如图 3-2 所示。

```
apiVersion: v1
kind: Pod
metadata:
  name: pod-busy-nginx
spec:
  containers:
  - name: busybox
    image: busybox
    command: ['sh', '-c', 'echo "Hello, Kubernetes!" && sleep 3600']
  - name: nginx
    image: nginx
    ports:
    - containerPort: 80
      hostPort: 80
```

●图 3-2　文件 pod-busy-nginx.yaml 的内容

Kubernetes 中所有的 yaml 文件分为四部分。

- apiVersion：资源的版本号。
- kind：资源文件的类别，本例是 Pod 资源。
- metadata：一些元数据，本例中的内容是 Pod 的名字。
- spec：资源的模板。

pod-busy-nginx.yaml 的目标是创建一个 Pod，其中有两个容器。

- busybox：其中的 command 命令的功能是打印字符串，同时睡眠 3600 s，因为 busybox 只是一个简版的操作系统，没有前台运行的命令，使用 sleep 命令让这个容器能够在前台运行 3600 s，也就是 1 h。
- nginx：其中的 containerPort 参数代表的是容器的端口，hostPort 是容器端口映射的宿主机的端口，访问时使用对应宿主机的 IP 地址与端口来进行访问。

接下来，让 Kubernetes 集群执行这个 yaml 文件。

```
kubectl apply -f pod-busy-nginx.yaml
```

查询 Pod 的运行情况，如图 3-3 所示。

```
[root@kubernetes-master01 ~]# kubectl get pod -o wide
NAME            READY    STATUS    RESTARTS    AGE    IP            NODE
pod-busy-nginx  2/2      Running   0           38s    10.244.1.4    kubernetes-worker01
```

●图 3-3　Pod 的运行情况

pod-busy-nginx 的 Pod 已经运行起来了，它的状态为 Running，整个 Pod 的 IP 地址是 10.244.1.4，但是这个 IP 地址只能在 Kubernetes 集群中访问，无法在集群外的任何机器上访问。

Pod 运行在节点 Kubernetes-worker01 上，可以到这个节点上查看容器运行的情况，如图 3-4 所示，发现有一个 pause 镜像在运行，这就是 Init 容器。

```
[root@kubernetes-worker01 ~]# docker ps
CONTAINER ID    IMAGE
e68a943f3a60    nginx
e561eab5d0fa    busybox
f39b1b4fc35c    fvn7v6mj.mirror.aliyuncs.com/mirrorgcrio/pause:3.2
```

●图 3-4　节点上运行的容器

那么如何访问 Pod 中运行的容器呢？pod-busy-nginx 的 Pod 运行在节点 Kubernetes-worker01 上，可以直接通过此节点的 IP 地址与对应的 hostPort 端口来访问，如图 3-5 所示。

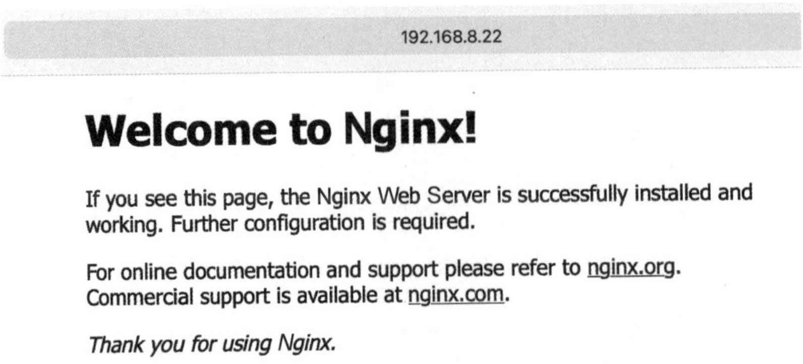

192.168.8.22

Welcome to Nginx!

If you see this page, the Nginx Web Server is successfully installed and working. Further configuration is required.

For online documentation and support please refer to nginx.org. Commercial support is available at nginx.com.

Thank you for using Nginx.

● 图 3-5 访问 Pod 的 Nginx 容器

可以通过 kubectl 工具分别查看 Pod pod-busy-nginx 中的容器 busybox 与 Nginx 的日志，如图 3-6 所示。

```
[root@kubernetes-master01 ~]# kubectl logs pod-busy-nginx -c busybox
Hello, Kubernetes!
```

● 图 3-6 查看 Pod 中容器的日志

命令中的参数说明如下。
- pod-busy-nginx：此参数为运行的 Pod 的名称。
- -c：此参数指定 Pod 中的具体容器的名字。

如何验证 Pod 中的两个容器共有同一个 IP 地址呢？先进入 busybox 容器中，查看它的 IP 地址，如图 3-7 所示，IP 地址为 10.244.1.4。

```
[root@kubernetes-master01 ~]# kubectl exec -it pod-busy-nginx -c busybox -- /bin/sh
/ # ip a
1: lo: <LOOPBACK,UP,LOWER_UP> mtu 65536 qdisc noqueue qlen 1000
    link/loopback 00:00:00:00:00:00 brd 00:00:00:00:00:00
    inet 127.0.0.1/8 scope host lo
       valid_lft forever preferred_lft forever
3: eth0@if8: <BROADCAST,MULTICAST,UP,LOWER_UP,M-DOWN> mtu 1450 qdisc noqueue
    link/ether 86:3a:36:04:5b:49 brd ff:ff:ff:ff:ff:ff
    inet 10.244.1.4/24 brd 10.244.1.255 scope global eth0
       valid_lft forever preferred_lft forever
```

● 图 3-7 进入容器 busybox 中查看 IP 地址

然后进入 Nginx 容器，查看它的 IP 地址，如图 3-8 所示，IP 地址也是 10.244.1.4。

关于 Pod 中的容器共享网络的例子，读者可以根据后面的存储方面的原理进行自行验证。

```
[root@kubernetes-master01 ~]# kubectl exec -it pod-busy-nginx -c nginx -- /bin/sh
# ip a
1: lo: <LOOPBACK,UP,LOWER_UP> mtu 65536 qdisc noqueue state UNKNOWN group default qlen 1000
    link/loopback 00:00:00:00:00:00 brd 00:00:00:00:00:00
    inet 127.0.0.1/8 scope host lo
       valid_lft forever preferred_lft forever
3: eth0@if8: <BROADCAST,MULTICAST,UP,LOWER_UP> mtu 1450 qdisc noqueue state UP group default
    link/ether 86:3a:36:04:5b:49 brd ff:ff:ff:ff:ff:ff link-netnsid 0
    inet 10.244.1.4/24 brd 10.244.1.255 scope global eth0
       valid_lft forever preferred_lft forever
```

●图 3-8　进入容器 Nginx 中查看 IP 地址

3.1.2　Pod 的生命周期

Pod 遵循一个预定义的生命周期，起始于 Pending 阶段，如果其中至少有一个主要容器正常启动，则进入 Running 阶段，之后取决于 Pod 中是否有容器以失败状态结束而进入 Succeeded 或者 Failed 阶段。

在 Pod 运行期间，Kubernetes 能够重启容器以处理一些失效场景。在 Pod 内部，Kubernetes 跟踪不同容器的状态，并确定使 Pod 重新变得健康所需要采取的动作。

当运行一个 Pod 时，可以通过如下命令来查看 Pod 的运行状态。

```
kubectl get pod
```

输出结果如图 3-9 所示，其中的 status 字段就是 Pod 的状态。

```
[root@kubernetes-master01 ~]# kubectl get pod
NAME        READY    STATUS     RESTARTS    AGE
pod-nginx   1/1      Running    3           86m
```

●图 3-9　Pod 的运行状态

输出结果中的 Status 字段是一个 PodStatus 对象，其中包含一个 phase 字段。其中 phase 字段的值与值的定义见表 3-1。

表 3-1　phase 字段的值与值的定义

取　　值	描　　述
Pending（悬决）	Pod 已被 Kubernetes 系统接受，但有一个或者多个容器尚未创建亦未运行。此阶段包括等待 Pod 被调度的时间和通过网络下载镜像的时间
Running（运行中）	Pod 已经绑定到了某个节点，Pod 中所有的容器都被创建。至少有一个容器仍在运行，或者正处于启动或重启状态
Succeeded（成功）	Pod 中的所有容器都已成功终止，并且不会再重启
Failed（失败）	Pod 中的所有容器都已终止，并且至少有一个容器是因为失败终止。也就是说，容器以非 0 状态退出或者被系统终止
Unknown（未知）	因为某些原因无法取得 Pod 的状态。这种情况通常是因为与 Pod 所在主机通信失败

Pod 是一个或多个容器的封装，那么容器的状态又有哪些呢？容器的状态有三种。

● Waiting（等待）：如果容器并不处在 Running 或 Terminated 状态之一，它就处在

Waiting 状态。处于 Waiting 状态的容器仍在运行它完成启动所需要的操作，例如，从某个容器镜像仓库拉取容器镜像，或者向容器应用 Secret 数据等。当使用 kubectl 来查询包含 Waiting 状态的容器的 Pod 时，会看到一个 Reason 字段，其中给出了容器处于等待状态的原因。

- Running（运行中）：Running 状态表明容器正在执行的状态并且没有问题发生。如果配置了 postStart 回调，那么该回调已经执行且已完成。如果使用 kubectl 来查询包含 Running 状态的容器的 Pod 时，会看到关于容器进入 Running 状态的信息。
- Terminated（已终止）：处于 Terminated 状态的容器已经开始执行并且或者正常结束或因为某些原因失败。如果使用 kubectl 来查询包含 Terminated 状态的容器的 Pod 时，会看到容器进入此状态的原因、退出代码以及容器执行期间的起止时间。如果容器配置了 preStop 回调，则该回调会在容器进入 Terminated 状态之前执行。

根据容器的运行状态，容器会按照重启策略来进行容器的恢复工作。容器的重启策略是使用 restartPolicy 这个参数在 yaml 文件中指定的，Pod 的重启策略包括 Always、OnFailure 和 Never，默认值为 Always。

- Always：当容器失效时，由 Kubernetes 自动重启该容器。
- OnFailure：当容器终止运行且退出码不为 0 时，由 Kubernetes 自动重启该容器。
- Never：不论容器运行状态如何，Kubernetes 都不会重启该容器。

接下来运行一个 busybox 的容器的 Pod，并进行 postStart 与 preStop 的设置。

编辑一个文件 pod-nginx-post-pre. yaml，代码内容如下。

```
apiVersion: v1
kind: Pod
metadata:
  name: pod-nginx-post-pre
spec:
  containers:
  - name:nginx
    image:nginx
    lifecycle:
postStart:
      exec:
        command: ['sh','-c','touch /tmp/file; echo Pod postStart >> /tmp/file;']
preStop:
      exec:
        command: ['sh','-c','echo PodpreStop >> /tmp/file;']
```

Pod pod-nginx-post-pre 是运行了一个 Nginx 容器，并在其中设置了两个钩子函数。

- postStart：在容器开始之后，创建一个文件 tmp 目录下的 file，并打印 Pod postStart 到文件中。
- preStop：在容器即将关闭之前，打印 Pod preStop 到 tmp 目录下的 file 文件中。

执行以下命令，创建这个 Pod。

```
kubectl apply -f pod-nginx-post-pre.yaml
```

登录到这个 Pod 中，并查看 file 中的内容，如图 3-10 所示。

```
[root@kubernetes-master01 k8s-yaml]# kubectl exec -it pod-nginx-post-pre -- /bin/sh
# cat /tmp/file
Pod postStart
```

●图 3-10   file 中的内容

在/tmp/file 中有内容 Pod postStart。

因为容器在关闭之前执行 preStop 这个函数，容器关闭之后，里面的日志与文件都没了，所以效果不容易演示出来。一般 preStop 这个钩子函数用于容器关闭之前清理资源。

3.1.3   Metrics-Server 采集资源

想要获得 Kubernetes 集群中 CPU 与内存的资源情况，以前的 Kubernetes 集群是通过 Heapster 获取的。本节的 Kubernetes 集群为 1.18 的版本，资源的收集需要通过安装 metrics-server 来实现。有了 metrics-server，就可以去监测 Kubernetes 集群中 CPU 与内存的使用情况，同时为集群自动扩缩容技术 HPA 打好了基础。下载地址如下。

```
https://github.com/Kubernetes-sigs/metrics-server/archive/v0.3.6.tar.gz
```

执行以下命令解压。

```
tar xvzf metrics-server-0.3.6.tar.gz
```

进入目录 metrics-server-0.3.6/deploy/1.8+下，如图 3-11 所示，有如下的 yaml 文件。

```
[root@kubernetes-master01 1.8+]# ls -lh
-rw-rw-r--. 1 root root  397 7月  24 2020 aggregated-metrics-reader.yaml
-rw-rw-r--. 1 root root  303 7月  24 2020 auth-delegator.yaml
-rw-rw-r--. 1 root root  324 7月  24 2020 auth-reader.yaml
-rw-rw-r--. 1 root root  298 7月  24 2020 metrics-apiservice.yaml
-rw-rw-r--. 1 root root 1.3K 3月  15 21:22 metrics-server-deployment.yaml
-rw-rw-r--. 1 root root  297 7月  24 2020 metrics-server-service.yaml
-rw-rw-r--. 1 root root  532 7月  24 2020 resource-reader.yaml
```

●图 3-11   metric-server 压缩包中的文件

在安装之前，需要将文件 metrics-server-deployment. yaml 修改几个地方。

1）image：k8s. gcr. io/metrics-server/metrics-server：v0. 3. 6 修改为＊＊image：rancher/metrics-server：v0. 3. 6＊＊，因为防火墙的原因，镜像无法下载成功，所以直接采用 rancher 中的 metrics-server：v0. 3. 6 的镜像。

2）如图 3-12 所示，添加两个参数。

● --kubelet-preferred-address-types＝InternalIP,Hostname：metrics-server 这个容器不能通过 CoreDNS 解析各个 Node 的主机名，metrics-server 连接节点时默认是连接节点的主机名，需要添加参数，让它连接节点的 IP 地址。

- --kubelet-insecure-tls：因为 10250 是 HTTPS 端口，连接它时需要提供证书，所以添加--kubelet-insecure-tls 表示不验证客户端证书。

```
args:
  - --kubelet-preferred-address-types=InternalIP,Hostname
  - --kubelet-insecure-tls
```

●图 3-12   文件中添加的两个参数

条件具备即可运行以下命令安装 metrics-server。

```
kubectl apply -f metrics-server-0.3.6/deploy/1.8+/
```

安装结果如图 3-13 所示。

```
clusterrole.rbac.authorization.k8s.io/system:aggregated-metrics-reader created
clusterrolebinding.rbac.authorization.k8s.io/metrics-server:system:auth-delegator created
rolebinding.rbac.authorization.k8s.io/metrics-server-auth-reader created
apiservice.apiregistration.k8s.io/v1beta1.metrics.k8s.io created
serviceaccount/metrics-server created
deployment.apps/metrics-server created
service/metrics-server created
clusterrole.rbac.authorization.k8s.io/system:metrics-server created
clusterrolebinding.rbac.authorization.k8s.io/system:metrics-server created
```

●图 3-13   metric-server 安装的显示情况

查询 metrics-server 是否安装成功，如图 3-14 所示，metrics-server 正常运行。

```
[root@kubernetes-master01 1.8+]# kubectl get deployment -n kube-system
NAME            READY   UP-TO-DATE   AVAILABLE   AGE
coredns         2/2     2            2           35h
metrics-server  1/1     1            1           54m
```

●图 3-14   查看 metric-server 运行情况

安装 metrics-server 后，如图 3-15 与图 3-16 所示，就可以直接查看 Pod 或 Node 的资源占用情况了，CPU 的显示中一个 CPU 是 1000 m，目前节点 Kubernetes-master01 的 CPU 是使用了 137 m，也就是 137 除以 1000 份额的 CPU。

```
[root@kubernetes-master01 ~]# kubectl top node
NAME                  CPU(cores)   CPU%   MEMORY(bytes)   MEMORY%
kubernetes-master01   137m         6%     1165Mi          67%
kubernetes-worker01   39m          1%     690Mi           40%
kubernetes-worker02   37m          1%     721Mi           41%
```

●图 3-15   查看节点 Node 运行情况

```
[root@kubernetes-master01 ~]# kubectl top pod
NAME            CPU(cores)   MEMORY(bytes)
pod-busy-nginx  0m           1Mi
```

●图 3-16   查看 Pod 运行情况

除了上面的命令可以直接查看资源的使用情况，还可以使用 metrics-server API 服务。

1）执行命令 kubectl proxy --port=8080，打开代理端口。

```
kubectl proxy --port=8080
```

2）再打开一个同样的 SSH 连接，执行命令 curl localhost：8080/apis/metrics.k8s. io/
v1beta1/，如图 3-17 所示，可以看到 API 返回的内容。

```
[root@kubernetes-master01 ~]# curl localhost:8080/apis/metrics.k8s.io/v1beta1/
{
  "kind": "APIResourceList",
  "apiVersion": "v1",
  "groupVersion": "metrics.k8s.io/v1beta1",
  "resources": [
    {
      "name": "nodes",
      "singularName": "",
      "namespaced": false,
      "kind": "NodeMetrics",
      "verbs": [
        "get",
        "list"
      ]
    },
    {
      "name": "pods",
      "singularName": "",
      "namespaced": true,
      "kind": "PodMetrics",
      "verbs": [
        "get",
        "list"
      ]
    }
  ]
}
```

●图 3-17　查看 metric-server 运行情况

查看具体的 Pod 的资源使用情况，如图 3-18 所示，可以根据如下的参数，指定具体的
Pod 与 Namespace。

```
[root@kubernetes-master01 ~]# curl
localhost:8080/apis/metrics.k8s.io/v1beta1/namespaces/default/pods/pod-busy-nginx
{
  "kind": "PodMetrics",
  "apiVersion": "metrics.k8s.io/v1beta1",
  "metadata": {
    "name": "pod-busy-nginx",
    "namespace": "default",
    "selfLink": "/apis/metrics.k8s.io/v1beta1/namespaces/default/pods/pod-busy-nginx",
    "creationTimestamp": "2021-03-16T03:28:49Z"
  },
  "timestamp": "2021-03-16T03:28:21Z",
```

●图 3-18　查看 metric-server 中的 Pod 运行情况

```
"window": "30s",
"containers": [
  {
    "name": "busybox",
    "usage": {
      "cpu": "0",
      "memory": "32Ki"
    }
  },
  {
    "name": "nginx",
    "usage": {
      "cpu": "0",
      "memory": "1440Ki"
    }
  }
]
}
```

●图 3-18　查看 metric-server 中的 Pod 运行情况（续）

3.1.4　Pod 资源配额案例

当服务部署在虚拟机上时，虚拟机本身的资源是和物理机隔离的，换句话说服务部署在虚拟机上最大只能使用虚拟机本身限制内的资源。进入 Kubernetes 后，读者在生产中对应的微服务应用都会对应成 Pod 进行部署。Pod 在 Kubernetes 中就相当于虚拟机的存在，当然也是需要对其资源进行限制的，这样才能保证集群的稳定运行。

主要的资源限制分为两类：CPU 与内存。

对于资源的需求，分为默认需要的资源与资源的最大限制两类。

* request：预定义容器需要的最基本的资源，在 Pod 调度到 Node 的过程中，需要保证 Node 上有 Pod 中定义的 request 需要的资源，否则不会将 Pod 调度到对应的 Node 上。
* limit：可以分配给 Pod 的最大资源的数量，如果 Pod 需要的资源大于此限制，Pod 可能会被关闭与删除。

在没有添加资源限制之前，可以通过 vim pod-centos. yaml 命令查看配置内容，如图 3-19 所示。

```
apiVersion: v1
kind: Pod
metadata:
  name: centos
spec:
  containers:
  - name: centos
    image: centos
    command: ["/bin/sh"]
    args: ["-c", "i=0; while true; do i=i+1; done"]
```

●图 3-19　pod-centos. yaml 的内容

执行以下命令，应用 yaml，创建 Pod。

```
kubectl apply -f pod-centos.yaml
```

查看资源的使用情况，因为 Pod 中有个 while 死循环的脚本一直在运行，如图 3-20 所示，所以 CPU 使用量一直在上升。

```
[root@kubernetes-master01 k8s-yaml]# kubectl top pod
NAME            CPU(cores)    MEMORY(bytes)
centos          1000m         0Mi
```

●图 3-20　查看 Pod 的资源占用情况

在 Pod 的中添加对资源的限制，yaml 文件如图 3-21 所示。

```
apiVersion: v1
kind: Pod
metadata:
   name: centos-limit
spec:
   containers:
   - name: centos
     image: centos
     command: ["/bin/sh"]
     args: ["-c", "i=0; while true; do i=i+1; done"]
     resources:
       requests:
         cpu: 0.2
         memory: 50Mi
       limits:
         cpu: 0.6
         memory: 800Mi
```

●图 3-21　添加资源限制的 yaml 文件

按照以下步骤，验证 CPU 是否在 limit 的限额之内，如图 3-22 所示，CPU 达到 600 m 后，就不再上升了。

```
[root@kubernetes-master01 k8s-yaml]# kubectl apply -f pod-centos-limit.yaml
pod/centos-limit created
[root@kubernetes-master01 k8s-yaml]# kubectl get pod
NAME            READY    STATUS     RESTARTS    AGE
centos-limit    1/1      Running    0           7s
[root@kubernetes-master01 k8s-yaml]# kubectl top pod
NAME            CPU(cores)    MEMORY(bytes)
centos-limit    600m          0Mi
```

●图 3-22　监控资源占用情况

requests 的含义是 Pod 至少可以分配到的资源，虽然有可能 Pod 用不上这么多资源，requests 是最低的保证。接下来运行一个只是运行 sleep 命令的 CentOS 的 Pod centos-request，查看其资源的使用情况。

pod-centos-request. yaml 文件的内容，如图 3-23 所示。

具体的操作步骤如图 3-24 所示。

经过验证，虽然 requests 中的 CPU 为 0.2，但是实际上 Pod centos-request 的 CPU 占用为 0。

```
apiVersion: v1
kind: Pod
metadata:
  name: centos-request
spec:
  containers:
  - name: centos
    image: centos
    command: ["/bin/sh"]
    args: ["-c", "echo Hello; sleep 3600;"]
    resources:
      requests:
        cpu: 0.2
        memory: 50Mi
      limits:
        cpu: 0.6
        memory: 800Mi
```

●图 3-23　pod-centos-request. yaml 文件

```
[root@kubernetes-master01 k8s-yaml]# kubectl apply -f pod-centos-request.yaml
pod/centos-request created
[root@kubernetes-master01 k8s-yaml]# kubectl get pod
NAME             READY    STATUS     RESTARTS    AGE
centos-request   1/1      Running    0           21m
[root@kubernetes-master01 k8s-yaml]# kubectl top pod
NAME             CPU(cores)    MEMORY(bytes)
centos-request   0m            0Mi
```

●图 3-24　查看 Pod 资源情况

3.1.5　配置 liveness probe

　　Kubernetes 中使用存活探测器 liveness probe 来探测什么时候要重启容器。例如，存活探测器 liveness probe 可以捕捉到死锁（应用程序在运行，但是无法继续执行后面的步骤）。这样的情况下重启容器有助于让应用程序在有问题的情况下更可用。

　　接下来配置一个 pod-busy-live. yaml 的文件，文件内容如图 3-25 所示

```
apiVersion: v1
kind: Pod
metadata:
  name: pod-busy-live
spec:
  containers:
  - name: busybox
    image: busybox
    command: ['sh','-c','touch /tmp/healthy; sleep 30; rm -rf /tmp/healthy; sleep 600;']
    livenessProbe:
      exec:
        command: ['cat /tmp/healthy;']
      initialDelaySeconds: 5
      periodSeconds: 5
```

●图 3-25　pod-busy-live. yaml 的文件

上面的文件中是 busybox 的容器，执行的命令如下，起初创建一个文件/tmp/healthy，睡眠 30 s 后，删除/tmp/healthy，然后睡眠 600 s。

```
['sh','-c','touch /tmp/healthy; sleep 30; rm -rf /tmp/healthy; sleep 600;']
```

其中的 livenessProbe 是存活探针，其中配置的功能如下。

- command：['cat /tmp/healthy;']：检查是否有文件/tmp/healthy。
- initialDelaySeconds：第一次探测前，等待的时间，本例子中是 5 s。
- periodSeconds：除了第一次探测外，每次探测的间隔，本例子中是 5 s。

创建这个 Pod。

```
kubectl apply -f pod-busy-live.yaml
```

查看这个 Pod 的状态，如图 3-26 所示，Pod 已经运行起来了。

```
[root@kubernetes-master01 k8s-yaml]# kubectl get pod
NAME            READY   STATUS    RESTARTS   AGE
pod-busy-live   1/1     Running   0          11s
```

●图 3-26 查看 Pod 的运行情况

持续查看 Pod 的状态，当过了 30 s 后，Pod 的状态中的 RESTARTS 字段变为了 1，说明 Pod 重启过了，如图 3-27 所示。

```
[root@kubernetes-master01 k8s-yaml]# kubectl get pod
NAME            READY   STATUS    RESTARTS   AGE
pod-busy-live   1/1     Running   1          54s
```

●图 3-27 查看 Pod 的情况

通过如下指令，查看 Pod 中的具体运行情况。

```
kubectl describe pod pod-busy-live
```

在输出结果的最下面，显示容器因为 Liveness probe 检测失败，所以重启了，如图 3-28 所示。

```
Events:
  Type     Reason      Age                 From                          Message
  ----     ------      ----                ----                          -------
  Normal   Scheduled   <unknown>           default-scheduler             Successfully assigned
default/pod-busy-live to kubernetes-worker01
  Normal   Pulled      15m (x3 over 17m)   kubelet, kubernetes-worker01  Successfully pulled
image "busybox"
  Normal   Created     15m (x3 over 17m)   kubelet, kubernetes-worker01  Created container
busybox
  Normal   Started     15m (x3 over 17m)   kubelet, kubernetes-worker01  Started container
busybox
  Normal   Killing     14m (x3 over 16m)   kubelet, kubernetes-worker01  Container busybox
failed liveness probe, will be restarted
  Normal   Pulling     14m (x4 over 17m)   kubelet, kubernetes-worker01  Pulling image
"busybox"
  Warning  Unhealthy   12m (x16 over 17m)  kubelet, kubernetes-worker01  Liveness probe failed:
OCI runtime exec failed: exec failed: container_linux.go:367: starting container process
caused: exec: "cat /tmp/healthy;": stat cat /tmp/healthy;: no such file or directory: unknown
```

●图 3-28 Pod 的运行中发生的事件

3.1.6　配置 readiness probe

Kubernetes 使用就绪探测器 readiness probe 可以知道容器什么时候准备好了并可以开始接受请求流量，例如，一个 Java 应用是否可以正常的给消费者调用，这可以用于对慢启动容器进行检测，以使容器满足对外服务的状态才提供服务。当一个 Pod 内的所有容器都准备好了才能把这个 Pod 看作就绪了。这种信号的一个用途就是控制哪个 Pod 作为 Service 的后端。在 Pod 还没有准备好时，会从 Service 的负载均衡器中被剔除。

就绪探测器的例子。文件 pod-nginx-ready. yaml 的内容如图 3-29 所示。

```
apiVersion: v1
kind: Pod
metadata:
  name: pod-nginx
spec:
  containers:
  - name: nginx
    image: nginx
    ports:
    - containerPort: 80
      hostPort: 80
    readinessProbe:
      httpGet:
        path: /
        port: 80
```

●图 3-29　文件 pod-nginx-ready. yaml

在这个 Pod 中，运行了一个 Nginx，并启动了就绪检查 readiness probe，其中采用的方式是 HTTP 的检查。

创建这个 Pod。

```
kubectl apply -f pod-nginx-ready.yaml
```

查看 Pod 的运行状态，如图 3-30 所示，Pod 已经运行起来了。

```
[root@kubernetes-master01 k8s-yaml]# kubectl get pod
NAME        READY   STATUS    RESTARTS   AGE
pod-nginx   0/1     Running   0          5s
```

●图 3-30　查看 Pod 的运行情况

接下来，如图 3-31 所示，登录到 Pod 中，关闭 Nginx。

```
[root@kubernetes-master01 k8s-yaml]# kubectl exec -it pod-nginx -- sh
# nginx -s stop
2021/03/16 08:46:54 [notice] 34#34: signal process started
# command terminated with exit code 137
```

●图 3-31　登录到 Pod 中，关闭 Nginx

现在，来查看 Pod 的运行状态，发现 RESTARTS 为 1，容器已经重启了一次，如图 3-32 所示。

```
[root@kubernetes-master01 k8s-yaml]# kubectl get pod
NAME           READY    STATUS      RESTARTS    AGE
pod-nginx      1/1      Running     1           96s
```

●图 3-32 查看 Pod 的状态

容器探测器是由 Kubernetes 容器执行的定期诊断。要执行诊断，Kubernetes 需要调用由容器实现的处理程序，有三种类型的处理程序。

- ExecAction：在容器内执行指定命令。如果命令退出时返回码为 0，则认为诊断成功。
- TCPSocketAction：对容器的 IP 地址上的指定端口执行 TCP 检查。如果端口打开，则诊断被认为是成功的。
- HTTPGetAction：对容器的 IP 地址上指定端口和路径执行 HTTP Get 请求。如果响应的状态码大于等于 200 且小于 400，则诊断被认为是成功的。

每次探测都将获得以下三种结果之一。

- Success（成功）：容器通过了诊断。
- Failure（失败）：容器未通过诊断。
- Unknown（未知）：诊断失败，因此不会采取任何行动。

针对运行中的容器，Kubernetes 可以选择是否执行以下三种探测器，以及如何针对探测结果作出反应。

- liveness Probe：指示容器是否正在运行。如果存活态探测失败，则 kubelet 会终止容器，并且容器将根据其重启策略决定未来。如果容器不提供存活探测器，则默认状态为 Success。
- readiness Probe：指示容器是否准备好为请求提供服务。如果就绪态探测失败，端点控制器将从与 Pod 匹配的所有服务的端点列表中删除该 Pod 的 IP 地址。初始延迟之前的就绪态的状态值默认为 Failure。如果容器不提供就绪态探测器，则默认状态为 Success。
- startup Probe：指示容器中的应用是否已经启动。如果提供了启动探测器，则所有其他探测器都会被禁用，直到此探测器成功为止。如果启动探测失败，Kubernetes 将杀死容器，而容器依其重启策略进行重启。如果容器没有提供启动探测，则默认状态为 Success。

3.2 Deployment——无状态部署

在常规的应用部署到 Kubernetes 集群中时，很少直接使用 Pod 来部署，而是使用了 Deployment 的逻辑分装的概念。Deployment 是对一组 Pod 的封装，可以在 Deployment 中指定运行的 Pod 实例的数目，Deployment 会在 Kubernetes 集群中的 kube-controller-manager 的监控下，保证集群中 Pod 的实例数目维持在 Deployment 中设定的数目上。

Deployment，顾名思义是部署的意思，它对 Pod 的集合可以通过在 yaml 文件中定义 Pod 的模板 template 来定义 Pod。这其中定义的 Pod 可以定义在前一节中介绍的各种属性与特性。

3.2.1　认识 Deployment

Kubernetes 集群中的 Pod 有确定的生命周期。例如，一旦某 Pod 在集群中运行，Pod 运行所在的节点出现致命错误时，所有该节点上的 Pods 都会失败。Kubernetes 将这类失败视为最终状态：即使该节点后来恢复正常运行，也需要创建新的 Pod 来恢复应用。

不过，为了让用户的日子略微好过一些，Kubernetes 并不需要直接管理每个 Pod。相反，可以使用负载资源来替用户管理一组 Pods。使用这些资源配置控制器来确保合适类型的、处于运行状态的 Pod 个数是正确的，与用户所指定的状态一致。这其中 Deployment 很适合用来管理集群上的无状态应用，Deployment 中的所有 Pods 都是相互等价的，并且在需要时被换掉。

接下来，创建一个 Deployment，并进行基本的实践，来感知 Deployment 的方便与强大。在之前单独定义 Pod 时，对 Pod 的修改都是需要先删除 Pod，然后重新修改 Pod 的定义，再创建 Pod 的方式，在 Deployment 中，内部会通过删除旧的 Pod，建立新的 Pod 的方式来达到修改 Pod 定义的方式。

1）新建一个 yaml 文件，内容如图 3-33 所示。

```
apiVersion: apps/v1
kind: Deployment
metadata:
  name: nginx-deployment
spec:
  selector:
    matchLabels: # 定义Deployment关联的Pod的标签
      app: nginx
  replicas: 2 # 告诉Deployment运行两个Pod实例
  template: # Pod的模板
    metadata:
      labels:
        app: nginx # Pod的标签
    spec:
      containers:
      - name: nginx
        image: nginx:1.14.2
        ports:
        - containerPort: 80
```

●图 3-33　yaml 文件内容

2）创建这个 Deployment。

```
kubectl apply -f 1-deploy.yaml
```

3）查询 Deployment 的运行情况，如图 3-34 所示，Deployment 创建成功，其中的参数的具体意义如下。

- NAME：列出了集群中 Deployment 的名称。
- READY：显示应用程序可用的副本数。显示的模式是"就绪个数/期望个数"。
- UP-TO-DATE：显示为了达到期望状态已经更新的副本数。
- AVAILABLE：显示应用可供用户使用的副本数。

- AGE：显示应用程序运行的时间。

```
[root@kubernetes-master01 deploy]# kubectl get deployment
NAME                READY   UP-TO-DATE   AVAILABLE   AGE
nginx-deployment    2/2     2            2           5m7s
```

●图 3-34　查看 Deployment 的状态

查看，对应 Pod 的运行情况，如图 3-35 所示，已经如 yaml 中定义的，创建了两个 Pod。Pod 的名字是自己生成的。

```
[root@kubernetes-master01 deploy]# kubectl get pod
NAME                                READY   STATUS    RESTARTS   AGE
nginx-deployment-6b474476c4-dx7b6   1/1     Running   0          6m5s
nginx-deployment-6b474476c4-xljrj   1/1     Running   0          6m5s
```

●图 3-35　查看 Pod 的运行情况

4）修改 Deployment 中 Pod 的数目，如图 3-36 所示，修改对应的参数 replicas 为数目 3，其他内容不变。

```
replicas: 3 # 告诉Deployment运行三个Pod实例
  template: # Pod的模板
    metadata:
      labels:
        app: nginx # Pod的标签
```

●图 3-36　代码片段

5）此时，只需要重新应用这个 yaml 文件，不需要手动对运行中的 Deployment 做任何改动。

```
kubectl apply -f 1-deploy.yaml
```

6）查看 Deployment 的运行情况，如图 3-37 所示，已经成功地按照 yaml 中的定义创建了 3 个 Pod 的实例。

```
[root@kubernetes-master01 deploy]# kubectl get pod
NAME                                READY   STATUS    RESTARTS   AGE
nginx-deployment-6b474476c4-dx7b6   1/1     Running   0          10m
nginx-deployment-6b474476c4-glfzt   1/1     Running   0          28s
nginx-deployment-6b474476c4-xljrj   1/1     Running   0          10m
```

●图 3-37　查看 Deployment 中 Pod 的运行情况

通过以上操作，可以很方便地手动对 Pod 实例进行扩容或者缩容，非常方便，当然，后续会讲述如何根据 Pod 的运行情况，进行自动扩容与缩容。

以下是 Deployments 的典型用例，本书不会一一的带领大家去实践，本书从中选择了最常使用的滚动升级以及版本回滚的案例来进行讲解。

1）创建 Deployment 以将 ReplicaSet 上线。ReplicaSet 在后台创建 Pods。检查 ReplicaSet 的上线状态，查看其是否成功。

2）通过更新 Deployment 的 PodTemplateSpec，声明 Pod 的新状态。新的 ReplicaSet 会被创建，Deployment 以受控速率将 Pod 从旧 ReplicaSet 迁移到新 ReplicaSet。每个新的 ReplicaSet 都会更新 Deployment 的修订版本。

3）如果 Deployment 的当前状态不稳定，回滚到较早的 Deployment 版本。每次回滚都会更新 Deployment 的修订版本。

4）扩大 Deployment 规模以承担更多负载。

5）暂停 Deployment 以应用对 PodTemplateSpec 所做的多项修改，然后恢复其执行以启动新的上线版本。

6）使用 Deployment 状态来判定上线过程是否出现停滞。

7）清理较旧的不再需要的 ReplicaSet。

3.2.2　实现滚动升级

什么是滚动升级呢？当对应用进行版本升级时，期望能够不影响应用的对外服务，不停止应用的对外服务，可以考虑将应用的实例一部分一部分的升级，这就是所谓的滚动升级，在传统应用中实现滚动升级相当麻烦，但是在 Kubernetes 集群中，确是很方便的。

对于升级的策略，可以在定义 Deployment 的 yaml 文件中，加入如图 3-38 所示的内容。

```
strategy:
    rollingUpdate:
        maxSurge: number1%
        maxUnavailable: number2%
    type: RollingUpdate
```

●图 3-38　代码片段

其中参数的含义如下。

- strategy：定义升级的策略。
- type：默认为 RollingUpdate，也就是滚动升级的策略，还可以为 Recreate，Recreate 是需要将所有的原有 Pod 都关闭后，开启新 Pod 的升级策略，当应用的升级不兼容老版本时，需要使用 Recreate 这种升级策略。
- maxSurge：集群中可以使用的额外用于升级的 Pod 的数目，例如，Deployment 中定义的 Pod 数目为 4 个，maxSurge 如果定义为 75%，也就是说，集群中最多可以额外创建 4 * 75% = 3 个新的 Pod，然后去替换原有的 Pod。
- maxUnavailable：集群中最多不可用的 Pod 的数目，例如，Deployment 中定义的 Pod 数目为 4 个，maxUnavailable 如果定义为 25%，也就是集群中最多只能有 4 * 25% = 1 个 Pod 不可用。

接下来，来实践一个滚动升级的例子。

1）创建一个 yaml 文件，内容如下，添加滚动升级的要求。

```
apiVersion: apps/v1
kind: Deployment
metadata:
  name:nginx-deployment
```

```
spec:
  strategy:
    rollingUpdate:
      maxSurge: 75%
      maxUnavailable: 25%
    type:RollingUpdate
  selector:
    matchLabels:          #定义 Deployment 关联的 Pod 的标签
      app:nginx
  replicas: 4             #告诉 Deployment 运行四个 Pod 实例
  template:               #Pod 的模板
    metadata:
      labels:
        app:nginx         #Pod 的标签
    spec:
      containers:
      - name:nginx
        image:nginx:1.14.2
        ports:
        - containerPort: 80
```

创建这个 Deployment，注意带上 record 这个参数，可以记录升级的记录的情况。

```
kubectl apply -f 2-deploy-roll.yaml  --record
```

2）查看 Deployment 的运行情况，如图 3-39 所示，已经创建了四个 Pod，并且运行的 Nginx 的版本为 1.14.2。

```
[root@kubernetes-master01 deploy]# kubectl get deployment -o wide
NAME                READY   UP-TO-DATE   AVAILABLE   AGE    CONTAINERS   IMAGES
nginx-deployment    4/4     4            4           119s   nginx        nginx:1.14.2
```

●图 3-39　查看 Deployment 的运行情况

3）修改 Deployment 中定义的 Pod 的 Nginx 的版本，如图 3-40 所示，只修改 Nginx 镜像的版本。

```
spec:
  containers:
  - name: nginx
    image: nginx:1.14.2 # 由1.14.2升级为1.16.1
    ports:
    - containerPort: 80
```

●图 3-40　代码片段

应用这个新的 yaml。

```
kubectl apply -f 2-deploy-roll.yaml  --record
```

4）查看 Deployment 中的运行情况，如图 3-41 所示，Nginx 的版本已经变为 1.16.1 了。

```
[root@kubernetes-master01 deploy]# kubectl get deployment -o wide
NAME                READY    UP-TO-DATE   AVAILABLE   AGE     CONTAINERS   IMAGES
nginx-deployment    4/4      4            4           9m2s    nginx        nginx:1.16.1
```

●图 3-41　查看 Deployment 的运行情况

5）尝试分析版本升级的过程，每个 Deployment 内部会封装 rs，在进行版本升级后 Deployment 下面的 rs 变成了两个，如图 3-42 所示，c4 结尾的 rs 运行了 12 min，49 结尾的 rs 运行了 5 min 7 s，也就是说。nginx-deployment-6b474476c4 是版本升级前 Deployment 关联的 rs；nginx-deployment-7b45d69949 是版本升级后 Deployment 关联的 rs。

```
[root@kubernetes-master01 deploy]# kubectl get rs
NAME                           DESIRED   CURRENT   READY   AGE
nginx-deployment-6b474476c4    0         0         0       12m
nginx-deployment-7b45d69949    4         4         4       5m7s
```

●图 3-42　查看 rs 的情况

查看版本升级的过程，如图 3-43 所示原有的 rs 由 4 变为 3，新的 rs 直接扩到了 3，然后新的 rs 扩到了 4，原有的 rs 变为 2、1、0，与预期一致。也就是先额外创建了 3 个新版本的 Pod 待用，原有的版本先被删除了一个，然后又创建了一个新的 Pod，达到了新版本为 4 个的目标后，原有版本中的 Pod 就逐渐都被删除了。

```
[root@kubernetes-master01 deploy]# kubectl describe deployment nginx-deployment
Events:
  Type     Reason            Age    From                    Message
  ----     ------            ----   ----                    -------
  Normal   ScalingReplicaSet  26m    deployment-controller   Scaled up replica set nginx-
deployment-6b474476c4 to 4
  Normal   ScalingReplicaSet  19m    deployment-controller   Scaled up replica set nginx-
deployment-7b45d69949 to 3
  Normal   ScalingReplicaSet  19m    deployment-controller   Scaled down replica set nginx-
deployment-6b474476c4 to 3
  Normal   ScalingReplicaSet  19m    deployment-controller   Scaled up replica set nginx-
deployment-7b45d69949 to 4
  Normal   ScalingReplicaSet  19m    deployment-controller   Scaled down replica set nginx-
deployment-6b474476c4 to 2
  Normal   ScalingReplicaSet  19m    deployment-controller   Scaled down replica set nginx-
deployment-6b474476c4 to 1
  Normal   ScalingReplicaSet  18m    deployment-controller   Scaled down replica set nginx-
deployment-6b474476c4 to 0
```

●图 3-43　查看 Deployment 运行过程中的情况

总结一下，RollingUpdate，即滚动升级的流程为：可以使用额外的 maxSurge 个 Pod 的资源去支持滚动升级，本例子中也就是 4 个原有 Pod 加上 3 个新 Pod 的资源，同时整个 Deployment的服务状态最多只能有 maxUnavailable 个 Pod 是不可用的。

3.2.3　版本回滚案例

当发现升级后的应用有问题时，可以将 Deployment 进行回滚操作。

在上面版本升级的基础上，查看目前 Deployment 的升级历史，如图 3-44 所示。

```
[root@kubernetes-master01 deploy]# kubectl rollout history deployment/nginx-deployment
deployment.apps/nginx-deployment
REVISION   CHANGE-CAUSE
1          kubectl apply --filename=2-deploy-roll.yaml --record=true
2          kubectl apply --filename=2-deploy-roll.yaml --record=true
```

●图 3-44　查看 Deployment 的升级历史

目前，集群中的 Deployment 中 Nginx 镜像的版本为 1.16.1，如图 3-45 所示。

```
[root@kubernetes-master01 deploy]# kubectl get deployment -o wide
NAME               READY   UP-TO-DATE   AVAILABLE   AGE   CONTAINERS   IMAGES           SELECTOR
nginx-deployment   4/4     4            4           58m   nginx        nginx:1.16.1     app=nginx
```

●图 3-45　查看 Deployment 中的 Nginx 的版本

执行以下命令，将 Deployment 回滚到版本 1。

```
kubectl rollout undo deployment nginx-deployment --to-revision=1
```

查看目前 Deployment 中 Nginx 的版本，如图 3-46 所示，已经恢复到 1.14.2 了。

```
[root@kubernetes-master01 deploy]# kubectl get deployment -o wide
NAME               READY   UP-TO-DATE   AVAILABLE   AGE   CONTAINERS   IMAGES           SELECTOR
nginx-deployment   4/4     4            4           61m   nginx        nginx:1.14.2     app=nginx
```

●图 3-46　查看 Deployment 中的 Nginx 的版本情况

查看 Deployment 所对应的 rs，也就是副本集的情况，如图 3-47 所示，并没有增加新的副本集 rs，只是恢复了之前的副本集中对应的 Pod 的数目。

```
[root@kubernetes-master01 deploy]# kubectl get rs
NAME                          DESIRED   CURRENT   READY   AGE
nginx-deployment-6b474476c4   4         4         4       62m
nginx-deployment-7b45d69949   0         0         0       54m
```

●图 3-47　查看 Deployment 对应的 rs 的情况

通过 Deployment 中 Nginx 的 image 版本的变化，进行了版本升级与版本回滚的案例，从中验证了以下结论。

- Deployment 通过副本集 ReplicaSet 来管理 Pod 的定义与 Pod 的数目。
- Deployment 中 Pod 的定义修改操作是通过定义新的副本集 ReplicaSet 来实现的。
- Deployment 根据回滚历史的版本，可以将 Deployment 的状态回滚为历史上的某一版本。
- 对于 Deployment 中除了 Pod 定义之外其他属性的更新并不会创建新的副本集 ReplicaSet，但是会在回滚历史中添加一条新的 REVISION 记录，例如，对于 Pod 数量的更新。

3.3　Service——服务暴露

如果使用 Deployment 来运行应用程序，则它可以动态创建和销毁 Pod。每个 Pod 都有自己的 IP 地址，但是在 Deployment 中，同一时刻运行的 Pod 集合可能与稍后运行该应用程序的 Pod 集合不同，也就是说 Pod 是非永久性的资源。这导致了一个问题：如果一组 Pod（称为"后端"）为集群内的其他 Pod（称为"前端"）提供功能，那么前端如何找出并跟踪要连接的 IP 地址，以便前端可以使用提供工作负载的后端部分？

Service 资源允许 Kubernetes 对外暴露 Pods 中运行的应用程序，以支持它们被访问。使用 Kubernetes，用户无须修改应用程序即可使用不熟悉的服务发现机制。Kubernetes 为 Pods 提供自己的 IP 地址，并为一组 Pod 提供相同的 DNS 名，并且可以在它们之间进行负载均衡。

对一些应用的某些部分（如前端），可能希望将其暴露给 Kubernetes 集群外部 的 IP 地址。

Service 允许指定用户所需要的 Service 类型，默认是 ClusterIP。类型 Type 的取值以及行为如下。

- ClusterIP：通过集群的内部 IP 地址暴露服务，选择该值时服务只能够在集群内部访问。这也是默认的 ServiceType。
- NodePort：通过每个节点上的 IP 地址和静态端口（NodePort）暴露服务。通过请求节点 IP 地址上的节点端口，可以从集群的外部访问一个 NodePort 服务。
- LoadBalancer：使用云提供商的负载均衡器向外部暴露服务。外部负载均衡器可以将流量路由到自动创建的 NodePort 服务和 ClusterIP 服务上。
- ExternalName：通过返回 CNAME 和对应值，可以将服务映射到 externalName 字段的内容（例如，foo. bar. example. com）。无须创建任何类型的代理。

3.3.1　ClusterIP Service

Kubernetes Service 定义了这样一种抽象：逻辑上的一组 Pod，一种可以访问它们的策略，通常称为微服务。Service 所针对的 Pods 集合通常是通过选择运算符来确定的。Service 来负责维护这一组标签选择符选择的 Pod。

当 Service 的类型为 ClusterIP 时，Kubernetes 集群会为 Service 分配对应的集群 IP 地址，并同时产生一个域名。集群内部可以通过这集群 IP 地址或直域名访问整个 Service 对应的 Pod。

举个例子，创建 1 个 yaml 文件，内容如下，其中的---代表文件的分隔符，可以类比 Java 编码中不同类的源码文件。

```
apiVersion: v1
kind: Service
```

```
metadata:
  name:nginx-service
spec:
  ports:
    - port:80
      protocol:TCP
      targetPort:80
  selector:
    app:nginx # 定义此 Service 关联的 Pod 对应的标签
  type:ClusterIP # 此 Service 类型为 ClusterIP

---
apiVersion: apps/v1
kind: Deployment
metadata:
  name:nginx-deployment
spec:
  selector:
    matchLabels: # 定义 Deployment 关联的 Pod 的标签
      app:nginx
  replicas:3 # 告诉 Deployment 运行的 Pod 实例数目
  template: # Pod 的模板
    metadata:
      labels:
        app:nginx # Pod 的标签
    spec:
      containers:
      - name:nginx
        image:nginx:1.14.2
        ports:
        - containerPort:80
```

1）根据这个 yaml 文件，创建 Service，此 Service 的 type 为 ClusterIP，管理的 Pod 是标签为 app：nginx 的一组 Pod。再次强调，Deployment 负责维护 Pod 的数目与 Pod 生命周期的管理，Service 负责这组 Pod 的被访问机制。

```
kubectl apply -f 1-service.yaml
```

2）验证生成的资源情况，如图 3-48 所示，Deployment、Pod、ReplicaSet 均正常创建，Service 也创建成功，对应的 ClusterIP 为 10.109.194.117。

3）接下来详细了解 Service 的情况，如图 3-49 所示，nginx-service 下面关联的 Endpoints 为 10.244.1.49：80、10.244.1.50：80、10.244.2.19：80。

```
[root@kubernetes-master01 service]# kubectl get all
NAME                                        READY    STATUS     RESTARTS    AGE
pod/nginx-deployment-6b474476c4-c7fbb       1/1      Running    0           69s
pod/nginx-deployment-6b474476c4-c94mh       1/1      Running    0           69s
pod/nginx-deployment-6b474476c4-sm5f2       1/1      Running    0           69s


NAME                    TYPE        CLUSTER-IP        EXTERNAL-IP    PORT(S)    AGE
service/nginx-service   ClusterIP   10.109.194.117    <none>         80/TCP     69s


NAME                               READY    UP-TO-DATE    AVAILABLE    AGE
deployment.apps/nginx-deployment   3/3      3             3            69s


NAME                                            DESIRED    CURRENT    READY    AGE
replicaset.apps/nginx-deployment-6b474476c4     3          3          3        69s
```

●图 3-48　查看集群中资源的运行情况

```
[root@kubernetes-master01 service]# kubectl describe service nginx-service
Name:               nginx-service
Namespace:          default
Labels:             <none>
Annotations:        Selector:  app=nginx
Type:               ClusterIP
IP:                 10.109.194.117
Port:               <unset>  80/TCP
TargetPort:         80/TCP
Endpoints:          10.244.1.49:80,10.244.1.50:80,10.244.2.19:80
Session Affinity:   None
Events:             <none>
```

●图 3-49　查看 nginx-service 下对应的 Endpoints

4）查看集群创建的标签为 app：nginx Pod 的 IP 地址，如图 3-50 所示，与 Service 所关联的 IP 地址是相同的。

```
[root@kubernetes-master01 service]# kubectl get pod -l app=nginx -o wide
NAME                                READY    STATUS     RESTARTS    AGE       IP
nginx-deployment-6b474476c4-c7fbb   1/1      Running    0           7m41s     10.244.1.50
nginx-deployment-6b474476c4-c94mh   1/1      Running    0           7m41s     10.244.2.19
nginx-deployment-6b474476c4-sm5f2   1/1      Running    0           7m41s     10.244.1.49
```

●图 3-50　查看对应的 IP 地址

5）如图 3-51 所示，通过 Service 的 CLUSTER-IP 来访问这三个 Pod 组成的服务，注意此 CLUSTER-IP 只能在 Kubernetes 集群所安装的机器上访问，外部是无法访问的。

```
[root@kubernetes-master01 ~]# curl 10.109.194.117
<!DOCTYPE html>
<html>
<head>
<title>Welcome to nginx!</title>
<style>
    body {
        width: 35em;
        margin: 0 auto;
        font-family: Tahoma, Verdana, Arial, sans-serif;
    }
```

●图 3-51　访问 ClusterIP 对应的服务

```
[root@kubernetes-master01 ~]# curl 10.109.194.117
<!DOCTYPE html>
<html>
<head>
<title>Welcome to nginx!</title>
<style>
    body {
        width: 35em;
        margin: 0 auto;
        font-family: Tahoma, Verdana, Arial, sans-serif;
    }
```

●图 3-51　访问 ClusterIP 对应的服务（续）

6）执行如下命令，进入集群中任意的一个 Pod 中，查看 Service 的 DNS 记录情况，如图 3-52 所示，此 Service 对应的 IP 地址正是此 Service 对应的 ClusterIP 10.109.194.117。如图 3-53 所示，在 Pod 内部直接以域名的方式访问 Service。

```
kubectl exec -it nginx-deployment-6b474476c4-c7fbb -- /bin/sh
```

```
# nslookup nginx-service
Server:    10.96.0.10
Address:   10.96.0.10#53

Name: nginx-service.default.svc.cluster.local
Address: 10.109.194.117
```

●图 3-52　在 Pod 内部查看域名对应的地址

```
# curl nginx-service
<!DOCTYPE html>
<html>
<head>
<title>Welcome to nginx!</title>
<style>
    body {
        width: 35em;
        margin: 0 auto;
        font-family: Tahoma, Verdana, Arial, sans-serif;
    }
</style>
</head>
<body>
<h1>Welcome to nginx!</h1>
<p>If you see this page, the nginx web server is successfully installed and
working. Further configuration is required.</p>

<p>For online documentation and support please refer to
<a href="http://nginx.org/">nginx.org</a>.<br/>
Commercial support is available at
<a href="http://nginx.com/">nginx.com</a>.</p>

<p><em>Thank you for using nginx.</em></p>
</body>
</html>
```

●图 3-53　在 Pod 内部以域名的方式访问 Service

在 Kubernetes 中，支持两种基本的服务发现模式：环境变量和 DNS。

（1）环境变量

当 Pod 运行在 Node 上时，kubelet 会为每个活跃的 Service 添加一组环境变量。例如，简单的 {SVCNAME}_SERVICE_HOST 和 {SVCNAME}_SERVICE_PORT 变量。这里 Service 的名称需大写，横线被转换成下画线。

举个例子，一个名称为 redis-master 的 Service 暴露了 TCP 端口 6379，同时给它分配了 Cluster IP 地址 10.0.0.11，这个 Service 生成了如下环境变量。

- REDIS_MASTER_SERVICE_HOST=10.0.0.11。
- REDIS_MASTER_SERVICE_PORT=6379。
- REDIS_MASTER_PORT=tcp://10.0.0.11:6379。
- REDIS_MASTER_PORT_6379_TCP=tcp://10.0.0.11:6379。
- REDIS_MASTER_PORT_6379_TCP_PROTO=tcp。
- REDIS_MASTER_PORT_6379_TCP_PORT=6379。
- REDIS_MASTER_PORT_6379_TCP_ADDR=10.0.0.11。

说明：当具有需要访问服务的 Pod 时，并且正在使用环境变量方法将端口和集群 IP 发布到客户端 Pod 时，必须在客户端 Pod 出现之前创建服务。否则，这些客户端 Pod 将不会设定其环境变量。如果仅使用 DNS 查找服务的集群 IP 地址，则无须担心此设定问题。

（2）DNS

可以使用附加组件（如 CoreDNS）为 Kubernetes 集群设置 DNS 服务。支持集群的 DNS 服务器监视 Kubernetes API 中的新服务，并为每个服务创建一组 DNS 记录。如果在整个集群中都启用了 DNS，则所有 Pod 都应该能够通过其 DNS 名称自动解析服务。

例如，如果在 Kubernetes 命名空间 my-ns 中有一个名为 my-service 的服务，则控制平面和 DNS 服务共同为 my-service.my-ns 创建 DNS 记录。my-ns 命名空间中的 Pod 应该能够通过简单地按名检索 my-service 来找到它（my-service.my-ns 也可以工作）。其他命名空间中的 Pod 必须将名称限定为 my-service.my-ns。这些名称将解析为服务的集群 IP 地址。

如上所介绍，在集群内部，可以通过 ClusterIP、DNS，以及环境变量的方式访问提供服务的一组 Pod。如图 3-54 所示，在 Pod 内部查看环境变量，是 nginx-service 对应的 CLUSTER-IP 地址与端口，验证了环境变量的理论。

```
# echo ${NGINX_SERVICE_PORT}
tcp://10.109.194.117:80
```

●图 3-54　在 Pod 内部查看环境变量

可以在 Pod 内部以 Service 的域名的方式，访问集群内部的无状态服务，或者以变量的方式来访问，一般不会以 ClusterIP 的方式来访问，因为需要 Service 创建后，Kubernetes 才会给 Service 分配 ClusterIP，不方便集成，同时不同的环境中同一 Service 对应的 ClusterIP 也不会相同，如测试环境与生产环境。

3.3.2　Headless Service

用户有时不需要或不想要负载均衡，以及单独的 Service IP。遇到这种情况，可以通过指定 Cluster IP（spec. clusterIP）的值为 "None" 来创建 Headless Service。无头 Service 并不会分配 Cluster IP，kube-proxy 不会处理它们，而且平台也不会为它们进行负载均衡和路由。

DNS 如何实现自动配置，依赖于 Service 是否定义了选择运算符。

（1）带选择运算符的服务

对定义了选择运算符的无头服务，Endpoint 控制器在 API 中创建了 Endpoints 记录，并且修改 DNS 配置返回 A 记录（地址），通过这个地址直接到达 Service 的后端 Pod 上。

（2）无选择运算符的服务

1）对没有定义选择运算符的无头服务，Endpoint 控制器不会创建 Endpoints 记录。然而 DNS 系统会查找和配置，对于 ExternalName 类型的服务，查找其 CNAME 记录。

2）对所有其他类型的服务，查找与 Service 名称相同的任何 Endpoints 的记录。

无头（Headless）服务（没有集群 IP）也会以 my-svc. my-namespace. svc. cluster-domain. example 的形式被指派一个 DNS A 或 AAAA 记录。与普通服务不同，这一记录会被解析成对应服务所选择的 Pod 集合的 IP 地址。客户端要能够使用这组 IP 地址，或者使用标准的轮转策略从这组 IP 地址中进行选择。

接下来通过两个无头（Headless）服务来带领读者理解其特点。

● 例 1，实现一个带有选择运算符的无头（Headless）服务并验证其特性。

● 例 2，实现一个无选择运算符的无头（Headless）服务并验证其特性。

先来分析例 1，创建一个带有标签选择器的服务 nginx-service-headless。

1）编辑一个无头服务的 yaml 文件，其 Service 的定义与之前定义的唯一区别是添加了一个属性 clusterIP：None，Deployment 的定义与之前的定义相同。

```
apiVersion: v1
kind: Service
metadata:
  name:nginx-service-headless
spec:
  ports:
    - port: 80
      protocol: TCP
      targetPort: 80
  clusterIP: None # 无头服务
  selector:
    app:nginx # 定义此 Service 关联的 Pod 对应的标签
  type:ClusterIP # 此 Service 类型为 ClusterIP
```

```
---
apiVersion: apps/v1
kind: Deployment
metadata:
  name:nginx-deployment
spec:
  selector:
    matchLabels: #定义 Deployment 关联的 Pod 的标签
      app:nginx
  replicas: 3 #告诉 Deployment 运行的 Pod 实例数目
  template: # Pod 的模板
    metadata:
      labels:
        app:nginx # Pod 的标签
    spec:
      containers:
      - name:nginx
        image:nginx:1.14.2
        ports:
        - containerPort: 80
```

2）应用这个 yaml 文件，创建对应的 Service 与 Pod 等资源。

```
kubectl apply -f 2-service-headless.yaml
```

3）查看创建资源的概况，如图 3-55 所示，Service nginx-service-headless 的 CLUSTER-IP 为 None。

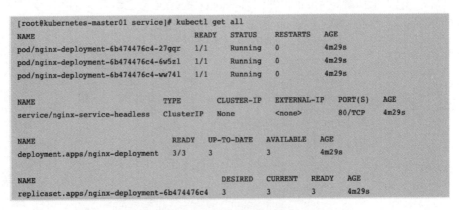

●图 3-55　查看创建资源的情况

4）如图 3-56 所示，查看 Service nginx-service-headless 后面关联的 Pod 对应的 IP 地址，如图 3-57 所示，关联的 Pod 都是正常的，是定义的相同标签的三个 Pod。

```
[root@kubernetes-master01 service]# kubectl describe service nginx-service-headless
Name:              nginx-service-headless
Namespace:         default
Labels:            <none>
Annotations:       Selector:  app=nginx
Type:              ClusterIP
IP:                None
Port:              <unset>  80/TCP
TargetPort:        80/TCP
Endpoints:         10.244.1.51:80,10.244.1.52:80,10.244.2.20:80
Session Affinity:  None
Events:            <none>
```

●图 3-56　查看 Service 对应的 IP 地址

```
[root@kubernetes-master01 service]# kubectl get pod -o wide
NAME                                READY   STATUS    RESTARTS   AGE    IP
nginx-deployment-6b474476c4-27gqr   1/1     Running   0          7m47s  10.244.2.20
nginx-deployment-6b474476c4-6w5zl   1/1     Running   0          7m47s  10.244.1.52
nginx-deployment-6b474476c4-ww74l   1/1     Running   0          7m47s  10.244.1.51
```

●图 3-57　查看 Service 对应的 Pod

5）随机登录到一个 Pod 中，查看 DNS 记录情况，结果如图 3-58 所示，会显示后面所有关联的 Pod 的 IP 地址，需要用户根据情况，从中选择要访问的具体 Pod。

```
sh-4.4# nslookup nginx-service-headless
Server:    10.96.0.10
Address:   10.96.0.10#53

Name: nginx-service-headless.default.svc.cluster.local
Address: 10.244.1.51
Name: nginx-service-headless.default.svc.cluster.local
Address: 10.244.2.20
Name: nginx-service-headless.default.svc.cluster.local
Address: 10.244.1.52
```

●图 3-58　查看服务对应的地址

上面实现了带有标签选择符的无头（Headless）服务，接下来进行第二个例子，创建一个不带有标签选择符的无头（Headless）服务。

服务最常见的是抽象化对 Kubernetes Pod 的访问，但是它们也可以抽象化其他种类的后端。实例如下。

- 希望在生产环境中使用外部的数据库集群，但测试环境使用自己的数据库。
- 希望服务指向另一个命名空间（Namespace）中或其他集群中的服务。
- 假设正在将工作负载迁移到 Kubernetes。在评估该方法时，仅在 Kubernetes 中运行一部分后端。

在任何这些场景中，都能够定义没有选择运算符的 Service。实例如下。

```
apiVersion: v1
kind: Service
metadata:
  name: my-service
```

```
spec:
  ports:
    - port: 80
      protocol: TCP
      targetPort: 80
  clusterIP: None # 无头服务
  type:ClusterIP # 此 Service 类型为 ClusterIP
```

由于此服务没有选择运算符，因此不会自动创建相应的 Endpoint 对象。可以通过手动添加 Endpoint 对象，将服务手动映射到运行该服务的网络地址和端口，其中关联的为资源对象 Endpoints 中的 metadata. name 字段，需要用户定义的服务的名字。

```
apiVersion: v1
kind: Endpoints
metadata:
  name: my-service
subsets:
  - addresses:
      - ip: 10.20.40.150
    ports:
      - port: 80
```

说明如下。

● 端点 IPs 不可以是本地回路（IPv4 的 127.0.0.0/8，IPv6 的 ::1/128）或本地链接（IPv4 的 169.254.0.0/16 和 224.0.0.0/24，IPv6 的 fe80::/64）。

● 端点 IP 地址不能是其他 Kubernetes 服务的集群 IP 地址，因为 kube-proxy 不支持将虚拟 IP 地址作为目标。

● 访问没有选择运算符的 Service，与有选择运算符的 Service 的原理相同。请求将被路由到用户定义的 Endpoint，YAML 中为 10.20.40.150:80（TCP）。

将上面的 yaml 文件，在 Kubernetes 集群中应用，查看效果，如图 3-59 所示，这个无头 Service 的 Endpoints 已经挂载在了用户定义的 10.20.40.150:80 的服务上面。

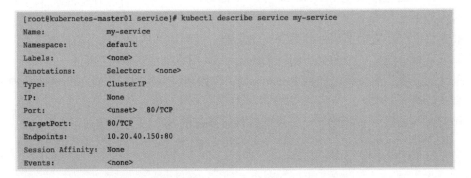

●图 3-59　查看 Service 的详细信息

3.3.3　NodePort Service

如果将 Service 中的 type 字段设置为 NodePort，则 Kubernetes 控制平面将在 --service-node-port-range 标志指定的范围内分配端口（默认值：30000~32767）。每个节点将那个端口（每个节点上的相同端口号）代理到对应的服务中。

需要注意的是，Service 能够通过 NodeIP：spec. ports. nodePort 和 spec. clusterIp：spec. ports［＊］. port 而对外可见。

通过下面的例子，创建一个 Service 的类型为 NodePort 的 Service，并进行相关的验证。

1）编辑 Service 的 yaml 文件，内容如下，跟之前的 Service 相比较，只是 spec. type 的值为 NodePort。

```
apiVersion：v1
kind: Service
metadata：
  name：nginx-service
spec：
  ports：
    - port：8080
      protocol：TCP
      targetPort：80
  selector：
    app：nginx # 定义此 Service 关联的 Pod 对应的标签
  type：NodePort # 此 Service 类型为 NodePort


---
apiVersion：apps／v1
kind: Deployment
metadata：
  name：nginx-deployment
spec：
  selector：
    matchLabels：# 定义 Deployment 关联的 Pod 的标签
      app：nginx
  replicas：3 # 告诉 Deployment 运行的 Pod 实例数目
  template：# Pod 的模板
    metadata：
      labels：
        app：nginx # Pod 的标签
    spec：
      containers：
```

```
   - name:nginx
     image:nginx:1.14.2
     ports:
     - containerPort:80
```

2）根据这个文件，创建对应的完整的 Service 资源。

```
kubectl apply -f 5-service-nodeport.yaml
```

3）查询创建的 Service 的情况，如图 3-60 所示，Service 的类型是 NodePort，PORT(S) 字段为 8080:31673/TCP。代表的含义如下。

- 8080 是这个 Service 生成的 CLUSTER-IP 对应的访问端口，也就是 yaml 文件中，用户定义的 port 字段的值。
- 31673 是 Kubernetes 为用户自动生成的，范围在 30000～32767 之内的 NodePort 的端口，可以通过对应的 Node 节点的 IP 地址来进行访问。
- NodePort 类型的 Service 一样会生成 CLUSTER-IP，可以和之前的访问方式一样，在集群内部使用 CLUSTER-IP 来访问其对应的 Service。

```
[root@kubernetes-master01 service]# kubectl get service nginx-service
NAME            TYPE        CLUSTER-IP      EXTERNAL-IP     PORT(S)          AGE
nginx-service   NodePort    10.108.30.227   <none>          8080:31673/TCP   72s
```

● 图 3-60　查看 Service 的运行情况

4）验证是否可以通过 NodePort 进行集群外部的访问。然后在一台独立的没有在 Kubernetes 集群内的机器上访问 Nginx 的服务，如图 3-61 所示，通过集群中任意一个节点的 IP 地址（包括 Master 节点）组合 NodePort 31673，都可以正常访问 Nginx 服务。

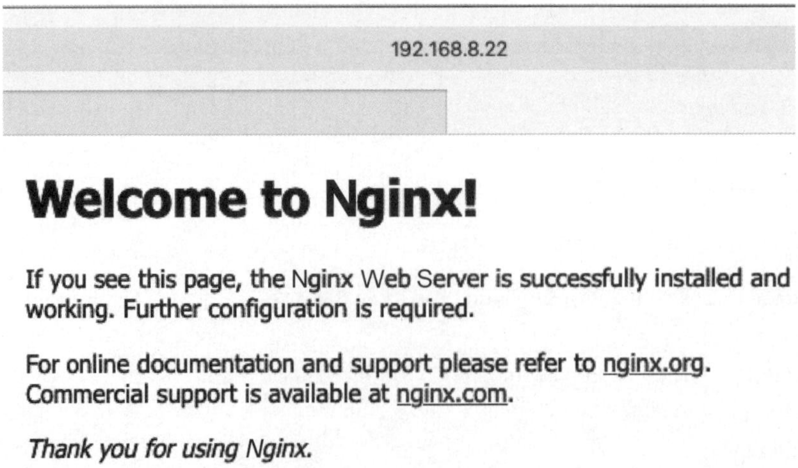

192.168.8.22

Welcome to Nginx!

If you see this page, the Nginx Web Server is successfully installed and working. Further configuration is required.

For online documentation and support please refer to nginx.org.
Commercial support is available at nginx.com.

Thank you for using Nginx.

● 图 3-61　访问 Nginx

至此，验证了可以通过 NodePort 类型的 Service 将 Kubernetes 集群内部的服务暴露到外部去。

3.3.4 ExternalName Service

ExternalName Service 是 Service 的特例，它没有选择运算符，但是使用 DNS 名称。类型为 ExternalName 的服务将服务映射到 DNS 名称，而不是典型的选择器，可以使用 spec. externalName 参数指定被映射的 DNS 名称。

例如，以下 Service 定义将 my-service 服务映射到 my. database. example. com 这个 DNS 名称上。

```
apiVersion: v1
kind: Service
metadata:
  name: my-service
spec:
  type:ExternalName
  externalName: my.database.example.com
```

当查找主机 my-service. default. svc. cluster. local 时，集群 DNS 服务返回 CNAME 记录，其值为 my. database. example. com。访问 my-service 的方式与其他服务的方式相同，但主要区别在于重定向发生在 DNS 级别，而不是通过代理或转发。

典型的应用，有两种情况。

● 封装在应用中调用的三方的地址，如短信提供商、邮箱服务提供商等，相当于把配置放到了程序外。

● Kubernetes 集群中有命名空间的概念，后面会详细介绍，通过 ExternalName Service 将其他命名空间中的服务封装起来，让用户使用它们的服务如同使用自己命名空间的服务一样。

接下来以一个封装了百度链接的 ExternalName 类型的 Service 为例来加深理解。

1）创建以下 yaml 文件。

```
apiVersion: v1
kind: Service
metadata:
  name: my-service
spec:
  type:ExternalName
  externalName: www.baidu.com
```

2）创建 Service。

```
kubectl apply -f 6-service-external-name.yaml
```

3）查看 Service 的情况，如图 3-62 所示，my-service 这个 ExternalName 类型的 Service 后端已经封装了设定的外网地址。

```
[root@kubernetes-master01 service]# kubectl describe service my-service
Name:             my-service
Namespace:        default
Labels:           <none>
Annotations:      Selector:  <none>
Type:             ExternalName
IP:
External Name:    www.baidu.com
Session Affinity: None
Events:           <none>
```

●图 3-62　查看 External 类型 Service 的情况

4）如图 3-63 所示，登录到任何一个 Pod 中，验证访问整个 my-service 的效果，使用 nslookup 命令，发现已经解析到对应的后端地址。

```
kubectl exec -it centos -- /bin/sh

sh-4.4# nslookup my-service
Server:   10.96.0.10
Address:  10.96.0.10#53

my-service.default.svc.cluster.local  canonical name = www.baidu.com.
www.baidu.com canonical name = www.a.shifen.com.
Name: www.a.shifen.com
Address: 110.242.68.3
Name: www.a.shifen.com
Address: 110.242.68.4
```

●图 3-63　登录到 Pod 中访问 Service

5）使用 ping 命令，直接在任意的一个 Pod 中查看效果，如图 3-64 所示，是可以正常访问到的。

```
sh-4.4# ping my-service
PING www.a.shifen.com (110.242.68.3) 56(84) bytes of data.
64 bytes from 110.242.68.3 (110.242.68.3): icmp_seq=1 ttl=51 time=11.5 ms
64 bytes from 110.242.68.3 (110.242.68.3): icmp_seq=2 ttl=51 time=11.8 ms
64 bytes from 110.242.68.3 (110.242.68.3): icmp_seq=3 ttl=51 time=12.2 ms
^C
--- www.a.shifen.com ping statistics ---
3 packets transmitted, 3 received, 0% packet loss, time 6ms
rtt min/avg/max/mdev = 11.523/11.840/12.209/0.309 ms
```

●图 3-64　在 Pod 中 ping my-service

3.3.5　LoadBalancer Service

在使用支持外部负载均衡器的云提供商的服务时，设置 type 的值为 "LoadBalancer" 将为 Service 提供负载均衡器。负载均衡器是异步创建的，关于被提供的负载均衡器的信息将会通过 Service 的 status.loadBalancer 字段发布出去。

下面介绍一个实例，代码如下。

```
apiVersion: v1
kind: Service
metadata:
  name: my-service
spec:
  selector:
    app:MyApp
  ports:
    - protocol: TCP
      port: 80
      targetPort: 9376
  clusterIP: 10.0.171.238
  type:LoadBalancer
status:
  loadBalancer:
    ingress:
      - ip: 192.0.2.126
```

来自外部负载均衡器的流量将直接重定向到后端 Pod 上，不过实际它们是如何工作的要依赖于云提供商。

某些云提供商允许设置 loadBalancer IP。在这些情况下，将根据用户设置的 loadBalancer IP 来创建负载均衡器。如果没有设置 loadBalancer IP 字段，将会给负载均衡器指派一个临时 IP 地址。如果设置了 loadBalancer IP，但云提供商并不支持这种特性，那么设置的 loadBalancer IP 值将会被忽略掉。

至此，Service 中比较重要的使用与实践已经给读者展示完毕。Service 是 Kubernetes 集群中很重要的概念，它是对提供一个服务的多个 Pod 的封装，可以认为 Service 封装了微服务体系中的一个服务，但是它在被访问上的体验并不是很友好，要么用户根据 Service 的一些 IP 地址来访问，要么根据 Service 的 DNS 名字来访问，但是这组 DNS 只能在 Pod 内部访问。

于是 Kubernetes 中，在 Service 的基础上封装与设计了一些其他的策略来解决这个问题。

3.4 Ingress——服务暴露

3.4.1 什么是 Ingress

可以使用 Ingress 来暴露自己的服务。Ingress 不是一种服务类型，但它充当集群的入口点。它可以将路由规则整合到一个资源中，因为它可以在同一 IP 地址下公开多个服务。

　　为了让 Ingress 资源工作，集群必须有一个正在运行的 Ingress 控制器。与作为 kube-controller-manager 可执行文件的一部分运行的其他类型的控制器不同，Ingress 控制器不是随集群自动启动的。用户可选择最适合的 Ingress 控制器实现。后面会选择 Ingress Nginx 来作为控制器进行相关的实践。

　　Ingress 是由 Ingress 规则与其配合的 Ingress 控制器一起合作来完成对后端服务的代理的。其中 Ingress 规则代表的是要求的路由规则，Ingress 控制器是集群中的一种 Service，只不过这个 Service 是类似于 Nginx 这样的特殊负载均衡的服务，Ingress 规则是用来作用于 Ingress 控制器的。

　　Ingress 规则中每个 HTTP 规则都包含以下信息。

- 可选的 host。在此示例中，未指定 host，因此该规则适用于通过指定 IP 地址的所有入站 HTTP 通信。如果提供了 host（例如 foo. bar. com），则 rules 适用于该 host。
- 路径列表 paths（例如，/testpath），每个路径都有一个由 serviceName 和 servicePort 定义的关联后端。在负载均衡器将流量定向到引用的服务之前，主机和路径都必须匹配传入请求的内容。
- backend（后端）是 Service 文档中所述的服务和端口名称的组合。与规则的 host 和 path 匹配的对 Ingress 的 HTTP（和 HTTPS）请求将发送到列出的 backend。通常在 Ingress 控制器中会配置 defaultBackend（默认后端），以服务于任何不符合规约中 path 的请求。

　　在 Kubernetes 集群外，用户既可以根据 host 方式来访问 Kubernetes 集群中的 Service，也可以使用相同 host 但是不同 path 方式来访问。

3.4.2　安装 Ingress 控制器

　　本文选择常用的 Ingress Nginx 作为 Ingress 的控制器。用户可以直接通过 NodePort 方式安装 Ingress Nginx，如图 3-65 所示，这是官网的 Ingress Nginx 在 Github 上的部署文件，地址如下。

```
https://github.com/Kubernetes/ingress-nginx/blob/master/deploy/static/
provider/baremetal/deploy.yaml
```

　　其中的 yaml 文件的作用如下。

- namespace. yaml：创建独立的命名空间 ingress-nginx。
- configmap：相关配置。
- rbac. yaml：负责 Ingress 的 RBAC 授权的控制，其创建了 Ingress 用到的 ServiceAccount、ClusterRole、Role、RoleBinding、ClusterRoleBinding 等授权文件，用来与 Kubernetes 中的 kube-api-server 进行交互。
- with-rbac. yaml：使用带 RBAC 的方式创建 ingress-controller，是整个 Ingress 的核心部署文件。
- mandatory. yaml：该文件整合了前面四项文件的内容，是用于实际部署 Ingress 服务的 yaml 文件。即只需要使用该文件就可以完成 ingress-controller 的全部部署工作。

●图 3-65　Ingress 的安装文件

1）使用如图 3-66 所示的命令来安装 Ingress Nginx。

```
kubectl apply -f https://github.com/kubernetes/ingress-
nginx/blob/master/deploy/static/provider/baremetal/deploy.yaml
```

●图 3-66　安装 Ingress 的命令

2）验证安装的效果，如图 3-67 所示，Service 与 deployment 无异常，查看对应的 Pod，发现 ingress-nginx-controller-747b56c56-2lttp 的 Pod 的状态为 ImagePullBackOff，image 没有下载成功。

```
[root@kubernetes-master01 service]# kubectl get all -n ingress-nginx
NAME                                              READY    STATUS            RESTARTS   AGE
pod/ingress-nginx-admission-create-wgstt          0/1      Completed         0          3m58s
pod/ingress-nginx-admission-patch-47t9f           0/1      Completed         0          3m58s
pod/ingress-nginx-controller-747b56c56-2lttp      0/1      ImagePullBackOff  0          3m58s

NAME                                        TYPE       CLUSTER-IP      EXTERNAL-IP
service/ingress-nginx-controller            NodePort   10.104.234.81   <none>
service/ingress-nginx-controller-admission  ClusterIP  10.107.93.197   <none>

NAME                                      READY   UP-TO-DATE   AVAILABLE   AGE
deployment.apps/ingress-nginx-controller  0/1     1            0           3m59s

NAME                                                DESIRED   CURRENT   READY   AGE
replicaset.apps/ingress-nginx-controller-747b56c56  1         1         0       3m59s

NAME                                         COMPLETIONS   DURATION   AGE
job.batch/ingress-nginx-admission-create     1/1           12s        3m58s
job.batch/ingress-nginx-admission-patch      1/1           22s        3m58s
```

●图 3-67　查看安装的效果

3）解决这个问题，因为 Pod 的状态为 ImagePullBackOff，是镜像没有下载成功导致的。将 yaml 文件的镜像地址修改为如下任何一个国内可访问的 image。
- registry. cn-hangzhou. aliyuncs. com/google_containers/nginx-ingress-controller：0. 33. 0
- quay. mirrors. ustc. edu. cn/Kubernetes-ingress-controller/nginx-ingress-controller：0. 33. 0

4）验证 image 是否安装成功，如图 3-68 所示，ingress-nginx-controller 的 Pod 状态已经变为 Running。

```
[root@kubernetes-master01 service]# kubectl get pod -n ingress-nginx
NAME                                       READY   STATUS      RESTARTS   AGE
ingress-nginx-admission-create-wgstt       0/1     Completed   0          128m
ingress-nginx-admission-patch-47t9f        0/1     Completed   0          128m
ingress-nginx-controller-5bb9d7b4f-br29c   1/1     Running     0          5m1s
```

●图 3-68　查看 Pod 的情况

5）如图 3-69 所示，ingress-nginx-controller 的 CLUSTER-IP 为 10.104.234.81，另外 Service ingress-nginx-controller 的 Type 为 NodePort，可以如图 3-70 所示通过 10.104.234.81 的 80 端口或者如图 3-71 所示通过三台节点的 IP 地址加上 31853 来验证效果。

```
[root@kubernetes-master01 service]# kubectl get service -n ingress-nginx
NAME                                 TYPE        CLUSTER-IP       PORT(S)
ingress-nginx-controller             NodePort    10.104.234.81    80:31853/TCP,443:31970/TCP
ingress-nginx-controller-admission   ClusterIP   10.107.93.197    443/TCP
```

●图 3-69　查看 Service 的运行情况

```
[root@kubernetes-master01 service]# curl http://10.104.234.81:80/healthz -I
HTTP/1.1 200 OK
Server: nginx/1.19.0
Date: Sat, 20 Mar 2021 09:13:53 GMT
Content-Type: text/html
Content-Length: 0
Connection: keep-alive
```

●图 3-70　通过容器 IP 与内部容器端口访问 Service

```
[root@kubernetes-master01 service]# curl http://192.168.8.33:31853/healthz -I
HTTP/1.1 200 OK
Server: nginx/1.19.0
Date: Sat, 20 Mar 2021 09:12:45 GMT
Content-Type: text/html
Content-Length: 0
Connection: keep-alive
```

●图 3-71　通过节点 IP 与 NodePort 访问 Service

至此，Ingress Nginx 的控制器安装完毕。
安装过程中的注意如下几点。
- Ingress Nginx 中的 image 换成可以下载的。
- Ingress Nginx 的 Service 的 Type 需要是 NodePort 类型的，可以在集群外部访问。

3.4.3　基于路径区别 Service

1）创建文件 1-nginx-service.yaml，内容如下。

```
apiVersion: v1
kind: Service
metadata:
```

```
        name:nginx-service
   spec:
      ports:
        - port: 8081
          protocol: TCP
          targetPort: 80
      selector:
        app:nginx              # 定义此 Service 关联的 Pod 对应的标签
      type:ClusterIP           # 此 Service 类型为 ClusterIP
   ---
   apiVersion: apps /v1
   kind: Deployment
   metadata:
      name:nginx-deployment
   spec:
      selector:
        matchLabels:           # 定义 Deployment 关联的 Pod 的标签
          app:nginx
      replicas: 2              # 告诉 Deployment 运行的 Pod 实例数目
      template:                # Pod 的模板
        metadata:
          labels:
            app:nginx          # Pod 的标签
        spec:
          containers:
          - name:nginx
            image:nginx
            ports:
            - containerPort: 80
```

2）用文件 1-nginx-service. yaml 创建 nginx-service，它的 port 为 8081。

```
kubectl apply -f 1-nginx-service.yaml
```

3）创建文件 2-eureka-service. yaml，内容如下。

```
apiVersion: v1
kind: Service
metadata:
  name: eureka-service
spec:
  ports:
    - port: 8080
      protocol: TCP
```

```
              targetPort: 8761
    selector:
      app: eureka                          # 定义此 Service 关联的 Pod 对应的标签
    type:ClusterIP                         # 此 Service 类型为 ClusterIP
---
apiVersion: apps/v1
kind: Deployment
metadata:
  name: eureka-deployment
spec:
  selector:
    matchLabels:                           # 定义 Deployment 关联的 Pod 的标签
      app: eureka
    replicas: 2                            # 告诉 Deployment 运行的 Pod 实例数目
    template:                              # Pod 的模板
      metadata:
        labels:
          app: eureka                      # Pod 的标签
      spec:
        containers:
        - name: eureka
          image:springcloud/eureka
          ports:
          - containerPort: 8761
```

4）用文件 2-eureka-service. yaml，创建 eureka-service，它的 port 为 8080。

```
kubectl apply -f 1-nginx-service.yaml
```

5）创建 Ingress，也就是路由以上两个 Service 的规则，yaml 文件如下，注意一定要设置重写规则，否则 path 的效果不会生效。

```
apiVersion: extensions/v1beta1
kind: Ingress
metadata:
  name:nginx
  annotations:
    nginx.ingress.Kubernetes.io/rewrite-target: /
spec:
  rules:
  - host: ingress.test.com
    http:
      paths:
      - path: /eureka
```

```
        backend:
          serviceName: eureka-service
          servicePort: 8080
      - path: /nginx
        backend:
          serviceName: nginx-service
          servicePort: 8081
```

创建 Ingress。

```
kubectl apply -f 4-ingress-path.yaml
```

查看 Ingress 的详细信息, 如图 3-72 所示, 一个 Host 下对应两个 Path。

```
[root@kubernetes-master01 ingress]# kubectl describe ingress nginx
Rules:
  Host              Path  Backends
  ----              ----  --------
  ingress.test.com
                    /eureka   eureka-service:8080 (10.244.1.10:8761,10.244.2.9:8761)
                    /nginx    nginx-service:8081 (10.244.1.7:80,10.244.2.6:80)
```

●图 3-72　查看 Ingress 的详细信息

6) 验证效果, 在集群外的一台机器上, 一定是可以访问集群的机器上, 在 host 文件中添加如图 3-73 所示的内容。

```
192.168.8.11    ingress.test.com
192.168.8.22    ingress.test.com
192.168.8.33    ingress.test.com
```

●图 3-73　host 文件内容

访问 http://ingress.test.com：31493/eureka, 效果如图 3-74 所示。

●图 3-74　通过域名访问 Eureka

访问 http://ingress.test.com:31493/nginx, 效果如图 3-75 所示。

验证完成, 通过 Kubernetes 集群中 Ingress Nginx 控制器的 NodePort 方式暴露的一个端口 31493, 将内部的多个 Service 暴露给集群外部访问, 在本实例中, 通过同一个 Host 多个 path 的方式来隔离 Service 的访问, 也可以通过多个 Host 映射多个 Service 的方式来达到同样的目标。

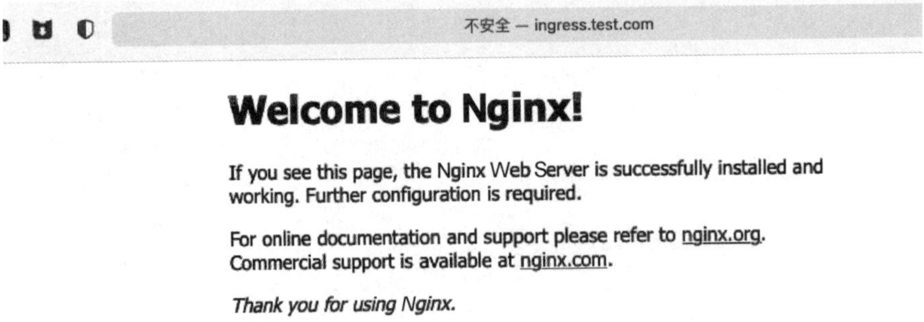
不安全 — ingress.test.com
Welcome to Nginx!
If you see this page, the Nginx Web Server is successfully installed and working. Further configuration is required.
For online documentation and support please refer to nginx.org.
Commercial support is available at nginx.com.
Thank you for using Nginx.

●图 3-75 通过域名访问 Nginx

3.4.4 基于域名区别 Service

与基于路径代理的方式前四步相同，也是创建两个 Service。只是 Ingress 有所不同，这次创建了两个 host 来代理对应的后端服务。

```
apiVersion: extensions/v1beta1
kind: Ingress
metadata:
  name:nginx
spec:
  rules:
  - host: ingress.eureka.com
    http:
      paths:
      - path: /
        pathType: Prefix
        backend:
          serviceName: eureka-service
          servicePort: 8080
  - host: ingress.nginx.com
    http:
      paths:
      - path: /
        pathType: Prefix
        backend:
          serviceName: nginx-service
          servicePort: 8081
```

应用如上的 Ingress 规则。

```
kubectl apply -f 3-ingress-path.yaml
```

查看 Ingress 规则的详细情况，如图 3-76 所示，在集群外部根据不同的 Host 来访问集群内部不同的 Service。

```
[root@kubernetes-master01 ingress]# kubectl describe ingress nginx
Rules:
  Host              Path  Backends
  ----              ----  --------
  ingress.eureka.com
                    /     eureka-service:8080 (10.244.1.10:8761,10.244.2.9:8761)
  ingress.nginx.com
                    /     nginx-service:8081 (10.244.1.7:80,10.244.2.6:80)
```

●图 3-76　查看 Ingress 的规则情况

验证方式和基于路径方式相同，需要在访问时将 Host 与 IP 地址的绑定放到/etc/hosts 文件中，host 文件内容如图 3-77 所示。

```
192.168.8.11    ingress.eureka.com
192.168.8.22    ingress.eureka.com
192.168.8.33    ingress.eureka.com
192.168.8.11    ingress.nginx.com
192.168.8.22    ingress.nginx.com
192.168.8.33    ingress.nginx.com
```

●图 3-77　host 文件内容

访问 http://ingress. eureka. com:31493，如图 3-78 所示，正常的访问了 Eureka 服务。

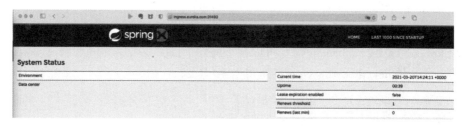

●图 3-78　访问 Eureka 服务

访问 http://ingress. nginx. com:31493，如图 3-79 所示，正常的访问了 Nginx 服务。

Welcome to Nginx!

If you see this page, the Nginx Web Server is successfully installed and working. Further configuration is required.

For online documentation and support please refer to nginx.org.
Commercial support is available at nginx.com.

Thank you for using Nginx.

●图 3-79　访问 Nginx 服务

关于向集群外暴露服务的几点总结。

● Service 的 NodePort 方式向集群外暴露服务，需要为每个 Service 规划不同的端口。

● Service 的 LoadBalancer 方式向集群外暴露服务，依赖公有云特殊机制的支持。
● 通过 Ingress 的方式向集群外暴露服务，是常规使用的解决方案，具体使用域名的方式来规划集群内部的 Service 还是使用相同域名不同路径的方式来规划内部的 Service，读者可根据业务情况自行决定。

3.5   ConfigMap——配置

ConfigMap 是一种 API 对象，用来将非机密性的数据保存到键值对中。ConfigMap 将环境配置信息和容器镜像解耦，便于应用配置的修改。

假设正在开发一个应用，这个应用需要在本地开发环境和云上生产环境运行。代码里有一段是访问数据库 DATABASE_HOST，在本地运行时，可以将这个变量设置为 localhost，在生产环境中，需要将其设置为 Kubernetes 集群中公开数据库组件的服务。这时就可以使用 ConfigMap 来定义这个变量，在不修改代码的情况下，达到上述目标。

3.5.1   创建 ConfigMap（基于文件）

ConfigMap 可以存储其他对象所需要使用的配置。和其他 Kubernetes 对象都有一个 spec，不同的是 ConfigMap 使用 data 或 binaryData 字段。这些字段能够接收键值对作为其取值。

使用 kubectl create configmap 命令可以基于文件、目录或者字面值来创建 ConfigMap。

创建一个文件 dev. properties，内容如图 3-80 所示。

```
key1=dev1
key2=dev2
```

●图 3-80   dev. properties 文件

根据这个文件，来创建一个 ConfigMap。

```
kubectl create configmap my-config --from-file=dev.properties
```

查看生成的 ConfigMap，如图 3-81 所示，生成了对应的配置数据。

```
[root@kubernetes-master01 config]# kubectl describe configmap my-config
Name:        my-config
Namespace:   default
Labels:      <none>
Annotations: <none>

Data
====
dev.properties:
----
key1=dev1
key2=dev2
```

●图 3-81   查看 Configmap

3.5.2　创建 ConfigMap（基于目录）

再创建一个文件 prod. properties，内容如图 3-82 所示。

```
key1=prod1
key2=prod2
```

●图 3-82　prod. properties 内容

根据目录中的文件 dev. properties 和 prod. properties 来创建 ConfigMap。

```
kubectl create configmap my-config --from-file=./
```

查看生成的 ConfigMap 的详细信息，如图 3-83 所示，在 Data 里面会根据不同的文件名生成对应的 key，生成对应的所属内容。

```
[root@kubernetes-master01 config]# kubectl describe configmap my-config
Name:        my-config
Namespace:   default
Labels:      <none>
Annotations: <none>

Data
====
prod.properties:
----
key1=prod1
key2=prod2

dev.properties:
----
key1=dev1
key2=dev2
```

●图 3-83　查看 ConfigMap 的详细信息

3.5.3　创建 ConfigMap（基于字面值）

基于字面值的意思就是直接在 ConfigMap 里面指定对应的 key 与 value 的值，执行以下命令。

```
kubectl create configmap my-config --from-literal=key1=value1 --from-literal
=key2=value2
```

查看创建的 ConfigMap 的详细信息，如图 3-84 所示，生成了对应的配置。

```
[root@kubernetes-master01 config]# kubectl describe configmap my-config
Name:        my-config
Namespace:   default
Labels:      <none>
Annotations: <none>

Data
====
key1:
----
value1
key2:
----
value2
```

● 图 3-84　查看 ConfigMap 的详细信息（1）

3.5.4　在 Pod 中使用 ConfigMap（环境变量）

在研究如何在 Pod 中使用 ConfigMap 之前，先准备一个 ConfigMap special-config，后面关于在 Pod 中使用 ConfigMap 的探讨都是在有了这个 ConfigMap 的基础之上。

创建一个 ConfigMap 的内容如下。

```
apiVersion: v1
kind:ConfigMap
metadata:
  name: special-config
  namespace:default
data:
  special.how: very
  special.type: charm
```

创建这个 ConfigMap。

```
kubectl apply -f config-special.yaml
```

查看 ConfigMap special-config 里面的详细信息，如图 3-85 所示。

```
[root@kubernetes-master01 config]# kubectl describe cm special-config
Name:        special-config
Namespace:   default
Labels:      <none>
Annotations:
Data
====
special.how:
----
very
special.type:
----
charm
```

● 图 3-85　查看 ConfigMap 里的详细信息（2）

在 Pod 中使用环境变量的方式来使用 ConfigMap, 就是将 ConfigMap 注入到环境变量中去, 这样在 Pod 内部就可以用环境变量的方式来查看这些配置的内容。以下的 yaml 文件中, 定义了一个 Pod, 在其中使用 env 来查看环境变量, 并使用 grep 命令过滤是否有 SPE-CIAL_LEVEL_KEY 的环境变量。

```
apiVersion: v1
kind: Pod
metadata:
  name: test-pod
spec:
  containers:
    - name: test-container
      image:busybox
      command: ["/bin/sh", "-c", "env |grep SPECIAL_LEVEL_KEY; sleep 600;"]
      env: # 容器中设置环境变量
        - name: SPECIAL_LEVEL_KEY        # 指定环境变量的名字
          valueFrom:
            configMapKeyRef:             # 引用 ConfigMap
              name: special-config       # ConfigMap 的名字
              key: special.how           # ConfigMap 中的 key
```

创建 Pod。

```
kubectl apply -f pod-env.yaml
```

在这个 Pod 运行起来后, 查看 Pod 中的日志, 如图 3-86 所示, 环境变量 SPECIAL_LEVEL_KEY 的值确实是 ConfigMap special-config 中的 special. how 的值。

```
[root@kubernetes-master01 config]# kubectl logs test-pod
SPECIAL_LEVEL_KEY=very
```

●图 3-86　查看 Pod 中的日志

如果想把 ConfigMap 中的所有数据注入到环境变量中去, 可以使用如下声明。

```
apiVersion: v1
kind: Pod
metadata:
  name: test-pod-env-file
spec:
  containers:
    - name: test-container
      image:busybox
      command: ["/bin/sh", "-c", "env | grep special; sleep 600;"]
      envFrom:                          # 使用 envFrom
```

```
        -configMapRef:
            name: special-config          # 指定 ConfigMap 的名字
```

创建这个 Pod，并查看其中的打印日志，如图 3-87 所示，已经将 ConfigMap special-config 中的 key 全部映射到系统的环境变量中了。

```
[root@kubernetes-master01 config]# kubectl logs test-pod-env-file
special.type=charm
special.how=very
```

● 图 3-87　查看 Pod 中的打印日志

引入到系统的环境变量中后，也就可以在系统的命令行中使用其环境变量了，如下的 yaml 文件中的 command 命令中可以直接通过 $（变量值）的方式来使用引入的环境变量。

```
apiVersion: v1
kind: Pod
metadata:
  name: test-pod
spec:
  containers:
    - name: test-container
      image:busybox
      command: ["/bin/sh", "-c", "echo $ (SPECIAL_LEVEL_KEY); sleep 600;"]
      env: # 容器中设置环境变量
        - name: SPECIAL_LEVEL_KEY          # 指定环境变量的名字
          valueFrom:
            configMapKeyRef:               # 引用 ConfigMap
              name: special-config         # ConfigMap 的名字
              key: special.how             # ConfigMap 中的 key
```

创建上面的 yaml 文件中的 Pod，并查看其中打印的信息，如图 3-88 所示，打印了两行，一行是 env 中的变量的值，一行是通过 $（变量值）的方式打印出来的值。

```
[root@kubernetes-master01 config]# kubectl apply -f pod-env-command.yaml
pod/test-pod created
[root@kubernetes-master01 config]# kubectl logs test-pod
SPECIAL_LEVEL_KEY=very
very
```

● 图 3-88　查看其中的打印日志

3.5.5　在 Pod 中使用 ConfigMap（数据卷方式）

除了以环境变量的方式将 ConfigMap 注入 Pod 中外，还有一种方式就是以 Volume 数据卷文件的方式注入 Pod 中。

创建以下文件，名字为 pod-volume. yaml，其中将 ConfigMap special-config 映射成了 volumes config-volume，Pod 中使用这个 volumes，并挂载到/etc/config 目录下。

```
apiVersion: v1
kind: Pod
metadata:
  name: test-pod
spec:
  containers:
    - name: test-container
      image:busybox
      command: ["/bin/sh", "-c", "sleep 600;"]
      volumeMounts:
        - name: config-volume      # volumes 中 name 的值
          mountPath: /etc/config # 表示把 conifg-volume 挂载卷挂载到容器的 /etc/config 目录下
      volumes:                       # 开启挂载外部 configmap
        - name: config-volume
          configMap:
            name: special-config
```

创建这个 Pod。

```
kubectl apply -f pod-volume.yaml
```

登录到这个 Pod 中挂载的目录下，查看文件的情况，如图 3-89 所示，ConfigMap special-config 中的 key 被映射成了一个文件，其中是 key 的内容。

```
[root@kubernetes-master01 config]# kubectl exec -it test-pod -- /bin/sh
/ # cd /etc/config
/etc/config # ls
special.how    special.type
/etc/config # cat special.how
very
/etc/config # cat special.type
charm
```

●图 3-89　登录到 Pod 中查看文件

前面的内容已经介绍并实践了 ConfigMap 的创建与 ConfigMap 在 Pod 中的常规使用，在使用 ConfigMap 时有以下两项注意事项。

- ConfigMap 在设计上不是用来保存大量数据的。在 ConfigMap 中保存的数据不可超过 1 MB。如果需要保存超出此限制的数据，可以考虑挂载存储卷或者使用独立的数据库、文件服务。
- ConfigMap 并不提供保密或者加密功能。如果想存储的数据是机密的，请使用 Secret，或者使用其他第三方工具来保证数据的私密性，而不是使用 ConfigMap。

3.6　Volume——存储卷

Container 中的文件在磁盘上是临时存放的，这给 Container 中运行的较重要的应用程序带来以下问题。

- 当容器崩溃时文件丢失。kubelet 会重新启动容器，但容器会以干净的状态重启。
- 同一 Pod 中运行的多个容器如何实现文件信息的共享。

Kubernetes 卷（Volume）这一抽象概念，能够解决以上两个问题。卷的核心是包含一些数据的一个目录，Pod 中的容器可以访问该目录。

使用卷时，在 .spec.volumes 字段中设置为 Pod 提供的卷，并在 .spec.containers[*].volumeMounts 字段中声明卷在容器中的挂载位置。容器中的进程看到的是由它们的 Docker 镜像和卷组成的文件系统视图。各个卷则挂载在镜像内的指定路径上。Pod 配置中的每个容器必须独立指定各个卷的挂载位置。

Kubernetes 的存储卷支持很多的类型，从存储资源的位置来区分，分为以下四种类型。

- 本地卷：典型的如 emptyDir、hostPath。
- 网络数据卷：如 NFS、ClusterFS、Ceph，这些都是 Kubernetes 集群外部的可以跨节点访问的存储。
- 云盘：如 AWS、微软（azuredisk）等三方云厂商提供的存储。
- Kubernetes 自身的资源：如 secret、configmap、downwardAPI 等 Kubernetes 集群内部自定义的资源。

这里重点分析 emptyDir、hostPath、downwardAPI 以及 Kubernetes 集群内部的一种称为持久卷的四种卷。持久卷是对存储资源的封装，它可以是对 NFS 的封装，也可以是对 hostPath 的封装。

3.6.1　emptyDir

当 Pod 分派到某个 Node 上时，emptyDir 卷会被创建，并且 Pod 在该节点上运行期间，卷一直存在。就像其名称表示的那样，卷最初是空的。尽管 Pod 中的容器挂载 emptyDir 卷的路径可能相同也可能不同，这些容器都可以读写 emptyDir 卷中相同的文件。当 Pod 因为某些原因从节点上被删除时，emptyDir 卷中的数据也会被永久删除。容器崩溃并不会导致 Pod 从节点上被移除，因此容器崩溃期间 emptyDir 卷中的数据是安全的。

emptyDir 的 Pod 的 yaml 文件定义如下，在 Pod 内部定义了两个容器，它们共享 volumes，volumes 的类型为 emptyDir。在容器 busybox1 中创建 file 文件，并写入内容 busybox1，在容器 busybox2 中读取 file 文件中的内容。

```
apiVersion: v1
kind: Pod
```

```
metadata:
  name: test-pod
spec:
  containers:
    - name:busybox1
      image:busybox
      command: ["/bin/sh", "-c", "touch /etc/config/file; echobusybox1 > /etc/
config/file; sleep 600;"]
      volumeMounts:
        - name: config-volume
          mountPath: /etc/config
    - name:busybox2
      image:busybox
      command: ["/bin/sh", "-c", "sleep 5; cat /etc/file; sleep 600;"]
      volumeMounts:
        - name: config-volume
          mountPath: /etc
  volumes:
    - name: config-volume
      emptyDir: {}
```

将以上文件应用到 Kubernetes 集群中，创建对应的 Pod。

```
kubectl apply -f 1-emptydir.yaml
```

如图 3-90 所示，登录到容器 busybox2 中查看日志，已经打印出对应容器 busybox1 中写入的内容。足以证明同一 Pod 中的容器共享存储。也就是 busybox1 与 busybox2 共享 emptyDir 的存储，虽然 busybox1 将其挂载到了/etc/config 目录下，busybox2 将其挂载到了/etc 目录下，但是这两个目录是共享的 emptyDir 的存储。

```
[root@kubernetes-master01 volume]# kubectl logs test-pod -c busybox2
busybox1
```

●图 3-90　登录到 Pod 中查看日志

3.6.2　hostPath

hostPath 卷能将主机节点文件系统上的文件或目录挂载到 Pod 中。主机节点上的文件或目录需要提前设置好，文件与目录中可以存在内容。

当使用这种类型的卷时要小心，原因如下。

- 具有相同配置的多个 Pod 会由于节点上文件的不同而在不同节点上有不同的行为。因为文件内容有可能不同。
- 下层主机上创建的文件或目录只能由 root 用户写入。需要在特权容器中以 root 身份运行进程，或者修改主机上的文件权限以便容器能够写入 hostPath 卷。

接下来，来尝试一个 hostPath 的 Volume，编辑一个以下内容的 yaml 文件，这个文件是创建了一个 busybox 的 Pod，其中挂载了所运行节点宿主机的/root/host 目录到容器中的/etc目录下，在容器的/etc 目录下，创建一个目录 hello，创建一个文件 file。

```yaml
apiVersion: v1
kind: Pod
metadata:
  name: test-host
spec:
  containers:
    - name: busybox
      image: busybox
      command: ["/bin/sh", "-c", "cd /etc; mkdir hello; touch file; sleep 600;"]
      volumeMounts:
        - name: config-volume
          mountPath: /etc
  volumes:
    - name: config-volume
      hostPath:
        path: /root/host
        type: DirectoryOrCreate
```

应用如上的 yaml 文件。

```
kubectl apply -f 2-hostpath.yaml
```

查看 Pod 的建立情况，直到 Pod 的状态变为 Running，如图 3-91 所示，此 Pod 运行在了 Kubernetes-worker01 节点上。

```
[root@kubernetes-master01 volume]# kubectl get pod -o wide
NAME        READY   STATUS    RESTARTS   AGE   IP            NODE
test-host   1/1     Running   0          24s   10.244.1.56   kubernetes-worker01
```

●图 3-91　查看 Pod 的运行情况

登录到 Kubernetes-worker01 节点上，查看文件的情况，进入到宿主机的/root/host 目录下，如图 3-92 所示，已经创建了对应的文件，同时将容器中/etc 目录下的内容也映射到了宿主机对应的目录下面。

```
[root@kubernetes-worker01 host]# cd /root/host
[root@kubernetes-worker01 host]# ll
总用量 0
-rw-r--r--. 1 root root 0 3月  22 09:45 file
drwxr-xr-x. 2 root root 6 3月  22 09:45 hello
-rwxr-xr-x. 1 root root 0 3月  22 09:45 hostname
-rwxr-xr-x. 1 root root 0 3月  22 09:45 hosts
-rwxr-xr-x. 1 root root 0 3月  22 09:45 resolv.conf
```

●图 3-92　登录到 Node1 节点上查看文件

接下来，如图 3-93 所示，删除整个 Pod。

```
[root@kubernetes-master01 volume]# kubectl delete pod test-host
pod "test-host" deleted
```

●图 3-93　删除 Pod 的命令

登录到节点 Kubernetes-worker01 的宿主机上查看其中的内容，如图 3-94 所示，内容没有发生改变。

```
[root@kubernetes-worker01 host]# cd /root/host
[root@kubernetes-worker01 host]# ll
总用量 0
-rw-r--r--. 1 root root 0 3月  22 09:45 file
drwxr-xr-x. 2 root root 6 3月  22 09:45 hello
-rwxr-xr-x. 1 root root 0 3月  22 09:45 hostname
-rwxr-xr-x. 1 root root 0 3月  22 09:45 hosts
-rwxr-xr-x. 1 root root 0 3月  22 09:45 resolv.conf
```

●图 3-94　登录到节点 1 上查看文件

在实践 hostPath 的 Volume 的过程中，需要注意的几点。
- Pod 映射的宿主机也就是具体节点的目录。当 Pod 重新被创建时，可能映射到其他的节点上，之前的内容会不存在。
- hostPath 的映射不只是将宿主机中的内容映射到容器中所挂载的目录中，挂载目录中的内容也会映射到宿主机对应的目录中。
- 在做 hostPath 的过程当中，宿主机上的目录内容可以不存在，只要在 Volume 的 type 处，设定类型为 DirectoryOrCreate。

如图 3-95 所示，type 的类型可以有以下选择，读者可以根据需要进行选择。

取值	行为
	空字符串（默认）用于向后兼容，这意味着在安装 hostPath 卷之前不会执行任何检查
DirectoryOrCreate	如果在给定路径上什么都不存在，那么将根据需要创建空目录，权限设置为 0755，具有与 kubelet 相同的组和属主信息
Directory	在给定路径上必须存在的目录
FileOrCreate	如果在给定路径上什么都不存在，那么将在那里根据需要创建空文件，权限设置为 0644，具有与 kubelet 相同的组和所有权
File	在给定路径上必须存在的文件
Socket	在给定路径上必须存在的 UNIX 套接字
CharDevice	在给定路径上必须存在的字符设备
BlockDevice	在给定路径上必须存在的块设备

●图 3-95　type 的类型

3.6.3　Downward API

对于容器或者 Pod 来说，有时候拥有自己的信息是很有用的，可避免与 Kubernetes 过度耦合。Downward API 使得容器使用自己或者集群的信息，而不必通过 Kubernetes 客户端或 API 服务器来获得。假如应用程序有一些特殊标识，标记在了 Pod 或者容器的标签中，这时，就可以通过 Downward API 的 Volume 的形式来在应用中获取到对应的标识。

接下来，运行一个示例，来获取 Pod 和 Pod 中容器的信息，创建一个如下内容的 yaml 文件。

```yaml
apiVersion: v1
kind: Pod
metadata:
  name: test-downward
  labels:
    env: test
    type:busybox
  annotations:
    author:jxl
    date: 2021-03-22
spec:
  containers:
    - name:busybox
      image:busybox
      command: ["/bin/sh", "-c", "sleep 600;"]
      resources:
        requests:
          cpu: "126m"
        limits:
          cpu: "252m"
      volumeMounts:
        - name: pod-volume
          mountPath: /etc/podinfo
        - name: container-volume
          mountPath: /etc/containerinfo
  volumes:
    - name: pod-volume
      downwardAPI:
        items:
          - path: "labels"
            fieldRef:
              fieldPath: metadata.labels
          - path: "annotations"
            fieldRef:
              fieldPath: metadata.annotations
    - name: container-volume
      downwardAPI:
        items:
```

```
        - path: "cpu_limit"
          resourceFieldRef:
            containerName: busybox
            resource: limits.cpu
            divisor: 1m
        - path: "cpu_request"
          resourceFieldRef:
            containerName: busybox
            resource: requests.cpu
            divisor: 1m
```

其中，volumes 卷里面声明了两个 Downward API，一个是使用 fieldRef 引用的 Pod 的信息，一个是 resourceFieldRef 应用的容器里面的信息。并将它们分别挂载到了容器中的/etc/podinfo 目录与/etc/containerinfo 目录下面。

接下来，在 Kubernetes 集群中应用这个 yaml 文件。

```
kubectl apply -f 4-downward.yaml
```

登录到对应的容器中，查看卷挂载的位置中的内容，如图 3-96 所示，在容器的挂载目录/etc 下面有两个目录。

```
[root@kubernetes-master01 volume]# kubectl exec -it test-downward -- /bin/sh
/ # ls /etc
containerinfo  group        hostname      hosts        localtime      mtab
network        passwd       podinfo       resolv.conf  shadow
/ # ls /etc/containerinfo/
cpu_limit    cpu_request
/ # ls /etc/podinfo/
annotations  labels
/ # cat /etc/podinfo/labels
env="test"
type="busybox"
/ # cat /etc/containerinfo/cpu_limit
252
```

●图 3-96　登录到容器中查看卷的情况

- 目录 containerinfo 里面有两个文件 cpu_limit 与 cpu_request。
- 目录 podinfo 里面有两个文件 annotations 与 labels。

查看/etc/podinfo/labels 的内容，为 env="test" 与 type="busybox"，与之前给 Pod 打的标签的内容一致。

查看/etc/containerinfo/cpu_limit 的内容，为 252，与在 Container 中定义的数据一致。

从上面的例子可以看出 Downward API 的一些常用的信息。Downward API 都能提供哪些信息呢？下面这些信息可以通过环境变量和 Downward API 卷提供给容器。

能通过 fieldRef 获得的 Pod 上的信息如下。

- metadata. name：Pod 名称。
- metadata. namespace：Pod 命名空间。
- metadata. uid：Pod 的 UID。

- metadata. labels['<KEY>']：Pod 标签 <KEY> 的值（例如, metadata. labels['mylabel']）。
- metadata. annotations['<KEY>']：Pod 的注解 <KEY> 的值（例如, metadata. annotations ['myannotation']）。

能通过 resourceFieldRef 获得的信息如下。

- 容器的 CPU 约束值。
- 容器的 CPU 请求值。
- 容器的内存约束值。
- 容器的内存请求值。
- 容器的巨页限制值（前提是启用了 DownwardAPIHugePages 特性门控）。
- 容器的巨页请求值（前提是启用了 DownwardAPIHugePages 特性门控）。
- 容器的临时存储约束值。
- 容器的临时存储请求值。

此外，以下信息可通过 Downward API 卷从 fieldRef 获得。

- metadata. labels：Pod 的所有标签以 label−key = " escaped−label−value" 格式显示，每行显示一个标签。
- metadata. annotations：Pod 的所有注解以 annotation−key = " escaped−annotation−value" 格式显示，每行显示一个标签。

以下信息可通过环境变量获得。

- status. podIP：节点 IP 地址。
- spec. serviceAccountName：Pod 服务账号名称，版本要求为 v1. 4. 0−alpha. 3。
- spec. nodeName：节点名称，版本要求为 v1. 4. 0−alpha. 3。
- status. hostIP：节点 IP 地址，版本要求为 v1. 7. 0−alpha. 1。

3. 6. 4   持久存储卷 PV

临时卷类型的生命周期与 Pod 相同，但持久卷（Persistent Volume, PV）可以比 Pod 的存活期长。因此，卷的存在时间会超出 Pod 中运行的所有容器，并且在容器重新启动时数据也会得到保留。当 Pod 不再存在时，临时卷也将不再存在，但是持久卷会继续存在。

存储的管理是一个与计算实例的管理完全不同的问题。持久卷子系统为用户和管理员提供了一组 API，将存储如何供应的细节从其如何被使用中抽象出来。为了实现这点，引入了两个新的 API 资源：持久卷和持久卷申领。

- 持久卷是集群中的一块存储，可以由管理员事先供应，或者使用存储类（Storage Class）来动态供应。PV 是集群资源，就像节点也是集群资源一样。PV 和普通的 Volume 一样，也是使用 卷插件来实现的，只是它们拥有独立于任何使用 PV 的 Pod 的生命周期。此 API 对象中记述了存储的实现细节，无论其背后是 NFS、iSCSI 还是特定于云平台的存储系统。
- 持久卷申领（Persistent Volume Claim, PVC）表达的是用户对存储的请求。概念上与 Pod 类似。Pod 会耗用节点资源，而 PVC 申领会耗用 PV 资源。Pod 可以请求特定数量的资源（CPU 和内存）；同样 PVC 申领也可以请求特定的大小和访问模式（例如,可以要求 PV 卷能够以 ReadWriteOnce、ReadOnlyMany 或 ReadWriteMany 模式之一来挂载)。

尽管 PersistentVolumeClaim 允许用户消耗抽象的存储资源,常见的情况是针对不同的问题用户需要的是具有不同属性(如性能)的 PersistentVolume 卷。集群管理员需要能够提供不同性质的 PersistentVolume,并且这些 PV 卷之间的差别不仅限于卷大小和访问模式,同时又不能将卷是如何实现的这些细节暴露给用户。为了满足这类需求,就有了存储类(StorageClass)资源。

总结一下,持久存储卷是一种将存储单独抽象出来的一套概念,其中包括三个部分。

- 持久卷:实际上的物理存储资源。
- 持久卷申领:定义了对存储资源的需求,如存储大小,以及存储的权限等,需要和 PV 绑定后,才能真正达到存储的目标。
- 存储类(StorageClass):因为 PV 的创建存在很多的细节,而且要求系统管理员去根据 PVC 的要求手动创建 PV,于是出现了 StorageClass 的抽象,StorageClass 用来根据 PVC 中的要求,自动创建 PV,这就要求底层的存储资源提供可以自动创建 PV 的 API。StorageClass 不是必需的,当需要大量创建 PV 时,可以考虑使用 StorageClass。

接下来,用一个例子带领读者实践持久存储卷。本例中,为了减少复杂性,更多的是直观理解持久性存储中的相关概念。物理存储资源使用本地存储 hostPath 类型的 Volume。

1)检查 Kubernetes 集群中的两个 Node 节点的目录情况,目标是使用 hostPath,目录为/mnt/data,不一定创建在哪个节点上。分别登录到两个节点上,查看是否有 data 目录,经查看都没有的 data 目录。

2)有了存储资源,可以创建 PV 了。创建一个 hostPath 类型的 PersistentVolume。Kubernetes 支持用于在单节点集群上开发和测试的 hostPath 类型的 PersistentVolume。hostPath 类型的 PersistentVolume 使用节点上的文件或目录来模拟网络附加存储。在生产集群中,不会使用 hostPath。集群管理员会提供网络存储资源,比如 Google Compute Engine 持久盘卷、NFS 共享卷或 Amazon Elastic Block Store 卷。集群管理员还可以使用 StorageClasses 来设置动态提供存储。

创建文件 pv.yaml,内容如下,创建了一个基于 hostPath 类型的 PV,存储的量为 2 GB,权限为可读写的存储资源。

```
apiVersion: v1
kind: PersistentVolume
metadata:
  name: pv-volume
  labels:
    type: local
spec:
  storageClassName: manual
  capacity:
    storage: 2Gi
  accessModes:
```

```
        -ReadWriteOnce
    hostPath:
       path: "/mnt/data"
```

创建这个 PV

```
kubectl apply -f pv.yaml
```

查看这个 PV，如图 3-97 所示，PV 的状态为 Available，说明还没有和 PVC 绑定。

```
[root@kubernetes-master01 volume]# kubectl get pv
NAME        CAPACITY   ACCESS MODES   RECLAIM POLICY   STATUS      CLAIM   STORAGECLASS
pv-volume   2Gi        RWO            Retain           Available           manual
```

●图 3-97　查看 PV 的情况

3）有了 PV 的支持，可以创建 PVC 了。

以下的 yaml 文件将创建一个 PersistentVolumeClaim，它请求至少 1 GB 容量的卷，该卷至少可以为一个节点提供读写访问。PVC 的定义中只是指定了需要的资源的情况。

```
apiVersion: v1
kind: PersistentVolumeClaim
metadata:
  name: pv-claim
spec:
  storageClassName: manual
  accessModes:
    -ReadWriteOnce
  resources:
    requests:
      storage: 1Gi
```

创建这个 PVC。

```
kubectl apply -f pvc.yaml
```

查看这个 PVC，如图 3-98 所示，已经是绑定的状态，且绑定到了名为 pv-volume 的 PV 上。

```
[root@kubernetes-master01 volume]# kubectl get pvc
NAME       STATUS   VOLUME      CAPACITY   ACCESS MODES   STORAGECLASS   AGE
pv-claim   Bound    pv-volume   2Gi        RWO            manual         6s
```

●图 3-98　查看 PVC 的情况

查看之前的 PV 的状态，如图 3-99 所示，pv-volume 的状态也变为了 Bound 的状态。

```
[root@kubernetes-master01 volume]# kubectl get pv
NAME        CAPACITY   ACCESS MODES   RECLAIM POLICY   STATUS   CLAIM              STORAGECLASS
pv-volume   2Gi        RWO            Retain           Bound    default/pv-claim   manual
```

●图 3-99　查看 PV 的情况

4）创建一个应用 PVC 的 Pod。

下面是 Pod 的配置文件，其中指定了对应 PVC 的名字 pv-claim，Pod 会根据这个 PVC 的要求来关联对应的资源。

```
apiVersion: v1
kind: Pod
metadata:
  name: pv-pod
spec:
  containers:
    - name: pv-container
      image:busybox
      command: ["/bin/sh", "-c", "sleep 600;"]
      volumeMounts:
        -mountPath: "/usr/share"
          name: pv-storage
  volumes:
    - name: pv-storage
      persistentVolumeClaim:
        claimName: pv-claim
```

创建这个 Pod。

```
kubectl apply -f pod-pv.yaml
```

查看这个 Pod 的具体情况，如图 3-100 所示，发现 Pod pv-pod 运行在了节点 Kubernetes-worker01 上。

```
[root@kubernetes-master01 volume]# kubectl get pod -o wide
NAME       READY    STATUS    RESTARTS    AGE    IP            NODE
pv-pod     1/1      Running   0           32s    10.244.1.59   kubernetes-worker01
```

●图 3-100　查看 Pod 的运行情况

5）验证持久性存储的相关理论。到节点 Kubernetes-worker01 上查看目录是否创建成功，如图 3-101 所示，目录已创建。

```
[root@kubernetes-worker01 ~]# ls /mnt/
data
```

●图 3-101　查看目录创建情况

登录到 Pod 上，并创建一个文件 hello，如图 3-102 所示。

```
[root@kubernetes-master01 volume]# kubectl exec -it pv-pod -- /bin/sh
/ # cd /usr/share/
/usr/share # touch hello
```

●图 3-102　登录到 Pod 上创建文件

登录到节点 Kubernetes-worker01 上，查看/mnt/data 目录下是否已经创建了文件，如图 3-103 所示，已经有此文件。

```
[root@kubernetes-worker01 ~]# ls /mnt/data/
hello
```

●图 3-103　查看文件

PersistentVolume 回收策略默认为 Retain，也就是即使删除了 PV 的资源，对应的存储文件仍然存在，不会删除。

由 StorageClass 动态创建的 PersistentVolume 会在类的 reclaimPolicy 字段中指定回收策略，可以是 Delete 或者 Retain。如果 StorageClass 对象被创建时没有指定 reclaimPolicy，它将默认为 Delete。

3.7　StatefulSet——有状态服务

StatefulSets 旨在与有状态的应用及分布式系统一起使用。所谓有状态就是指运行的一组 Pod，它们的存储不一样，或者他们创建的顺序不一样等，例如，主从的 MySQL、Redis 集群等。

3.7.1　认识 StatefulSet

StatefulSet 是用来管理有状态应用的工作负载 API 对象。StatefulSet 用来管理 Pod 集合的部署和扩缩，并为这些 Pod 提供持久存储和持久标识符。

和 Deployment 类似，StatefulSet 管理基于相同容器规约的一组 Pod。但和 Deployment 不同的是，StatefulSet 为它们的每个 Pod 维护了一个有黏性的 ID。这些 Pod 是基于相同的规约来创建的，但是不能相互替换：无论怎么调度，每个 Pod 都有一个永久不变的 ID。

如果希望使用存储卷为工作负载提供持久存储，可以使用 StatefulSet 作为解决方案的一部分。尽管 StatefulSet 中的单个 Pod 仍可能出现故障，但持久的 Pod 标识符使得将现有卷与替换已失败 Pod 的新 Pod 相匹配变得更加容易。

StatefulSet 对于需要满足以下一个或多个需求的应用程序很有价值。
- 稳定的、唯一的网络标识符。
- 稳定的、持久的存储。
- 有序的、优雅的部署和缩放。
- 有序的、自动的滚动更新。

在上面描述中，"稳定的" 意味着 Pod 调度或重调度的整个过程是有持久性的。如果应用程序不需要任何稳定的标识符或有序地部署、删除或伸缩，则应该使用由一组无状态的副本控制器提供的工作负载来部署应用程序，比如 Deployment 可能更适用于用户的无状态应用部署需要。

在使用 StatefulSet 的时候要注意以下内容。
- 给定 Pod 的存储必须由 PersistentVolume 驱动基于所请求的 storage class 来提供，或者由管理员预先提供。

- 删除或者收缩 StatefulSet 并不会删除它关联的存储卷。这样做是为了保证数据安全，它通常比自动清除 StatefulSet 所有相关的资源更有价值。
- StatefulSet 当前需要无头服务来负责 Pod 的网络标识。这里需要创建此服务。
- 当删除 StatefulSet 时，StatefulSet 不提供任何终止 Pod 的保证。为了 StatefulSet 中的 Pod 可以有序地终止，可以在删除之前将 StatefulSet 缩放为 0。

下面就通过两个例子，来验证 StatefulSet 的相关特性。

- 例子 1，创建一个不带有持久性存储的 StatefulSet，来验证 StatefulSet 在 Pod 名字以及稳定的网络标识符方面的特性。
- 例子 2，创建一个带有持久性存储的 StatefulSet，验证 StatefulSet 在持久性存储方面的特性。

3.7.2　稳定的网络标识符

StatefulSet 需要结合无头 Service 来使用，这个 Service 负责 Pod 的网络标识。创建一个如下的 yaml 文件，其中创建了一个无头 Service busybox-svc，选择标签为 app：busybox 的 Pod。

```
apiVersion: v1
kind: Service
metadata:
  name:busybox-svc
spec:
  clusterIP: None
  selector:
    app:busybox
```

创建以下文件，用来创建 StatefulSet busybox-sfs，其中 spec. serviceName 需要与其对应的无头 Service 的名字一样为 busybox-svc。

```
apiVersion: apps/v1
kind:StatefulSet
metadata:
  name:busybox-sfs
spec:
  serviceName: busybox-svc
  replicas: 3
  selector:
    matchLabels:
      app:busybox
  template:
    metadata:
      labels:
```

```
      app:busybox
spec:
  containers:
  - name:busybox
    image:busybox
    command: ["/bin/sh"]
    args: ["-c", "while true; do echo hello; sleep 1;done"]
```

将无头 Service 与 StatefulSet 都应用到 Kubernetes 集群中。打开另一个窗口来观测 Pod 的
创建过程，如图 3-104 所示，Pod 是按照顺序来创建的，先创建的 busybox-sfs-0，然后是
busybox-sfs-1，最后是 busybox-sfs-2。而且 Pod 的名字是 StatefulSet 的名字后面添加 "-"
然后从 0 开始顺序递增的。

```
[root@kubernetes-master01 statefulset-pv]# kubectl get pod -w
NAME              READY    STATUS             RESTARTS      AGE
busybox-sfs-0     0/1      Pending            0             0s
busybox-sfs-0     0/1      Pending            0             0s
busybox-sfs-0     0/1      ContainerCreating  0             0s
busybox-sfs-0     1/1      Running            0             18s
busybox-sfs-1     0/1      Pending            0             0s
busybox-sfs-1     0/1      Pending            0             0s
busybox-sfs-1     0/1      ContainerCreating  0             0s
busybox-sfs-1     1/1      Running            0             17s
busybox-sfs-2     0/1      Pending            0             0s
busybox-sfs-2     0/1      Pending            0             0s
busybox-sfs-2     0/1      ContainerCreating  0             0s
busybox-sfs-2     1/1      Running            0             13s
```

●图 3-104　Pod 的创建过程

使用命令 kubectl scale sts busybox-sfs --replicas=0 将 StatefulSet 的数目变成 0 个，如
图 3-105 所示，它的缩减过程与创建过程相反，是从大到小的。

```
[root@kubernetes-master01 statefulset-pv]# kubectl get pod -w
NAME              READY    STATUS        RESTARTS      AGE
busybox-sfs-0     1/1      Running       0             5m
busybox-sfs-1     1/1      Running       0             4m42s
busybox-sfs-2     1/1      Running       0             4m25s
busybox-sfs-2     1/1      Terminating   0             5m27s
busybox-sfs-2     0/1      Terminating   0             5m58s
busybox-sfs-2     0/1      Terminating   0             5m59s
busybox-sfs-2     0/1      Terminating   0             5m59s
busybox-sfs-1     1/1      Terminating   0             6m16s
busybox-sfs-1     0/1      Terminating   0             6m47s
busybox-sfs-1     0/1      Terminating   0             6m48s
busybox-sfs-1     0/1      Terminating   0             6m48s
busybox-sfs-1     0/1      Terminating   0             6m48s
busybox-sfs-0     1/1      Terminating   0             7m6s
busybox-sfs-0     0/1      Terminating   0             7m37s
busybox-sfs-0     0/1      Terminating   0             7m38s
busybox-sfs-0     0/1      Terminating   0             7m38s
```

●图 3-105　Pod 的缩减过程

接下来，使用如下命令将 StatefulSet 的数据恢复成 4 个 Pod。

```
kubectl scale sts busybox-sfs --replicas=4
```

使用如下命令来查看 Pod 中的网络标识，如图 3-106 所示，每个 Pod 都拥有一个基于其顺序索引的稳定的主机名。

```
[root@kubernetes-master01 statefulset]# for i in 0 1 2 3; do kubectl exec busybox-sfs-$i -- sh
-c 'hostname'; done
busybox-sfs-0
busybox-sfs-1
busybox-sfs-2
busybox-sfs-3
```

●图 3-106　查看 Pod 的网络标识

接下来，验证 Pod 的 DNS 名称，如图 3-107 所示，使用 nslookup 命令来查看 Pod busybox-sfs-0 与 busybox-sfs-1 中的网络标识，分别为 busybox-sfs-0.busybox-svc.default.svc.cluster.local 与 busybox-sfs-1.busybox-svc.default.svc.cluster.local，Pod 重建后也不会发生改变。

```
[root@kubernetes-master01 statefulset]# kubectl run -i --tty --image busybox:1.28 dns-test --
restart=Never --rm

/ # nslookup busybox-sfs-0.busybox-svc
Server:    10.96.0.10
Address 1: 10.96.0.10 kube-dns.kube-system.svc.cluster.local

Name:      busybox-sfs-0.busybox-svc
Address 1: 10.244.2.25 busybox-sfs-0.busybox-svc.default.svc.cluster.local

/ # nslookup busybox-sfs-1.busybox-svc
Server:    10.96.0.10
Address 1: 10.96.0.10 kube-dns.kube-system.svc.cluster.local

Name:      busybox-sfs-1.busybox-svc
Address 1: 10.244.1.21 busybox-sfs-1.busybox-svc.default.svc.cluster.local
```

●图 3-107　验证 Pod 的域名

3.7.3　固定的持久化存储

本例中，将演示带有持久化存储的 StatefulSet 的特性，其中的 Pod 名称标识以及 Pod 的网络标识仍然是稳定的。StatefulSet 中的持久化存储使用 volumeClaimTemplates 来声明使用什么要求的存储，其中如果标明 StorageClass 的话，就使用其标明的 StorageClass 来自动创建 PVC 与 PV，否则使用默认的 StorageClass。

基于以下的 yaml 文件，创建带有持久化存储的 StatefulSet，其中 volumeClaimTemplates 声明了需要 1 GB 的大小、权限为 ReadWriteOnce 的存储，本例中没有声明 StorageClass，如果声明的话，会自动创建对应的 PV 资源。

```
apiVersion: apps/v1
kind:StatefulSet
metadata:
  name:busybox-sfs
spec:
  serviceName: busybox-svc
  replicas: 2
  selector:
    matchLabels:
      app:busybox
  template:
    metadata:
      labels:
        app:busybox
    spec:
      containers:
      - name:busybox
        image:busybox
        command: ["/bin/sh"]
        args: ["-c", "sleep 600;"]
        volumeMounts:
        - name: www
          mountPath: /root/temp
  volumeClaimTemplates:
  - metadata:
      name: www
    spec:
      accessModes: [ "ReadWriteOnce" ]
      resources:
        requests:
          storage: 1Gi
---
apiVersion: v1
kind: Service
metadata:
  name:busybox-svc
spec:
  clusterIP: None
  selector:
    app:busybox
```

应用以上文件后，如图 3-108 所示，查看创建的资源，发现 busybox-sfs-0 一直是
Pending 状态。

```
[root@kubernetes-master01 statefulset-pv]# kubectl get pod
NAME             READY    STATUS      RESTARTS    AGE
busybox-sfs-0    0/1      Pending     0           15s
```

●图 3-108　查看创建的 Pod

查看 Pod 的具体信息，如图 3-109 所示，发现是因为没有绑定的 PV 导致的，而且 Kubernetes 已经自动创建了 PVC，名字为 www-busybox-sfs-0。

```
[root@kubernetes-master01 statefulset-pv]# kubectl describe pod busybox-sfs-0
Conditions:
  Type              Status
  PodScheduled      False
Volumes:
  www:
    Type:          PersistentVolumeClaim (a reference to a PersistentVolumeClaim in the same
namespace)
    ClaimName:     www-busybox-sfs-0
    ReadOnly:      false
  default-token-6cgw2:
    Type:          Secret (a volume populated by a Secret)
    SecretName:    default-token-6cgw2
    Optional:      false
QoS Class:         BestEffort
Node-Selectors:    <none>
Tolerations:       node.kubernetes.io/not-ready:NoExecute for 300s
                   node.kubernetes.io/unreachable:NoExecute for 300s
Events:
  Type      Reason            Age          From              Message
  ----      ------            ----         ----              -------
  Warning   FailedScheduling  <unknown>    default-scheduler  running "VolumeBinding" filter
plugin for pod "busybox-sfs-0": pod has unbound immediate PersistentVolumeClaims
  Warning   FailedScheduling  <unknown>    default-scheduler  running "VolumeBinding" filter
plugin for pod "busybox-sfs-0": pod has unbound immediate PersistentVolumeClaims
```

●图 3-109　查看 Pod 创建失败的原因

查看 PVC 的情况，如图 3-110 所示。

```
[root@kubernetes-master01 statefulset-pv]# kubectl get pvc
NAME               STATUS    VOLUME   CAPACITY   ACCESS MODES   STORAGECLASS   AGE
www-busybox-sfs-0  Pending                                                      3m37s
```

●图 3-110　查看 PVC 的情况

接下来，使用如图 3-111 所示的文件创建一个 PV。

```
apiVersion: v1
kind: PersistentVolume
metadata:
  name: pv-volume-1
  labels:
    type: local
spec:
  capacity:
    storage: 1Gi
  accessModes:
    - ReadWriteOnce
  hostPath:
    path: "/mnt/data1"
```

●图 3-111　创建 PV 的 yaml 文件

现在，查看对应的资源的状态，如图 3-112 所示，创建完 PV 后，PVC www-busybox-sfs-0 已经完成了绑定。

```
[root@kubernetes-master01 statefulset-pv]# kubectl apply -f 1-pv.yaml
persistentvolume/pv-volume-1 created
[root@kubernetes-master01 statefulset-pv]# kubectl get pvc
NAME                STATUS   VOLUME        CAPACITY   ACCESS MODES   STORAGECLASS   AGE
www-busybox-sfs-0   Bound    pv-volume-1   1Gi        RWO                           5m44s
```

●图 3-112　查看资源的运行情况

当再去查询 Pod 的状态时，如图 3-113 所示，已经变成了 Running 状态，Pod busybox-sfs-1 的状态变成了 Pending，与此同理，再创建一个 PV，Pod busybox-sfs-1 也变成了 Running 状态。

```
[root@kubernetes-master01 statefulset-pv]# kubectl get pod
NAME            READY   STATUS    RESTARTS   AGE
busybox-sfs-0   1/1     Running   0          6m8s
busybox-sfs-1   0/1     Pending   0          2s
```

●图 3-113　查看 Pod 的运行状态

接下来如图 3-114 所示，在 Pod busybox-sfs-0 中的/root/temp 目录下面创建目录 busybox-sfs-0。

```
[root@kubernetes-master01 statefulset-pv]# kubectl exec -it busybox-sfs-0 -- /bin/sh
/ # ls  /root/temp/
/ # mkdir /root/temp/busybox-sfs-0
/ # ls  /root/temp/
busybox-sfs-0
/ # exit
```

●图 3-114　在 Pod busybox-sfs-0 中创建目录

如图 3-115 所示，在 Pod busybox-sfs-1 中的/root/temp 目录下面创建目录 busybox-sfs-1。

```
[root@kubernetes-master01 statefulset-pv]# kubectl exec -it busybox-sfs-1 -- /bin/sh
/ # ls  /root/temp/
/ # mkdir /root/temp/busybox-sfs-1
/ # ls  /root/temp/
busybox-sfs-1
/ # exit
```

●图 3-115　在 Pod busybox-sfs-1 中创建目录

现在缩减 StatefulSet 的数量为 0。

```
kubectl scale sts busybox-sfs --replicas=0
```

查看对应 PV 与 PVC 的情况，如图 3-116 所示，没有被删掉。

接下来，将 StatefulSet 的数量恢复为 2。

```
kubectl scale sts busybox-sfs --replicas=2
```

当 Pod 状态变为 Running 时，登录到系统中查看当时创建的目录是否还存在，文件是否还是对应的。如图 3-117 所示，文件还存在，而且是和 Pod 一一对应的。

```
[root@kubernetes-master01 statefulset-pv]# kubectl get pvc
NAME               STATUS     VOLUME        CAPACITY     ACCESS MODES     STORAGECLASS     AGE
www-busybox-sfs-0  Bound      pv-volume-1   1Gi          RWO                               18m
www-busybox-sfs-1  Bound      pv-volume-2   1Gi          RWO                               12m
[root@kubernetes-master01 statefulset-pv]# kubectl get pv
NAME         CAPACITY   ACCESS MODES   RECLAIM POLICY   STATUS    CLAIM
pv-volume-1  1Gi        RWO            Retain           Bound     default/www-busybox-sfs-0
pv-volume-2  1Gi        RWO            Retain           Bound     default/www-busybox-sfs-1
```

●图 3-116 查看 PV 与 PVC 的创建情况

```
[root@kubernetes-master01 statefulset-pv]# kubectl exec -it busybox-sfs-0 -- /bin/sh
/ # ls /root/temp/
busybox-sfs-0
/ # exit
[root@kubernetes-master01 statefulset-pv]# kubectl exec -it busybox-sfs-1 -- /bin/sh
/ # ls /root/temp/
busybox-sfs-1
/ # exit
```

●图 3-117 查看 Pod 中的文件的情况

总结一下，带有持久化存储的 StatefulSet 在删除 Pod 后，存储不会删除，另外当 Pod 恢复后，或者说 Pod 重建后，同一标识符的 Pod 对应的存储不会发生变化。

3.8 本章小结

本章对 Kubernetes 集群中的很多重要概念的重要特性进行了讲解与实例的演示。
- Pod：Kubernetes 中对承载应用的容器的封装。
- Deployment：对一组 Pod 的管理，主要应用于无状态应用，可以帮用户管理 Pod 的数目，并方便对应用进行滚动更新以及版本回滚等。
- StatefulSet：对一组 Pod 的管理，主要应用于有状态应用，如按顺序创建的 Pod 或者带有持久化存储的 Pod。
- Service：主要用于服务的暴露，因为 Pod 是不稳定的，每当 Pod 重建时，其 IP 地址都是变化的，于是使用 Service 来封装一组 Pod，通过对 Service 的访问来达到对这组 Pod 的访问。
- Ingress：当多个 Service 需要暴露给 Kubernetes 集群外时，如果使用 NodePort 的方式，非常不便于管理，容易造成冲突，使用 Ingress 来进行对多个 Service 的封装，只占用宿主机的少数端口，如所有 HTTP 的 Service 只占用宿主机的一个端口即可。
- ConfigMap：相当于 Kubernetes 集群中的配置中心，将配置与用户的应用和 Pod 的编排文件都分离开，达到解耦的目的。
- Volume：存储卷，分为与 Pod 相同声明周期的卷与长于 Pod 声明周期的持久卷，它们都是为了达到共享存储的目标。

第 *4* 章
应用迁移到 Kubernetes

Kubernetes 是时下最流行的管理和编排工具，它提供了一个配置驱动的框架，可以通过定义和操作获得整个网络、磁盘和应用，并以可伸缩且易于管理的方式进行。那么到底如何把应用转移到容器中进行部署呢？

要把应用迁移到 Kubernetes 中，只需要做以下几个步骤即可实现。

1）将应用容器化。

容器是可以独立运行的基本操作单元，不同于传统虚拟机依赖模拟操作系统，容器利用各种内核特性来提供与主机隔离的环境。

2）采用一个多实例架构、最好是微服务架构。

在把应用迁移到 Kubernetes 之前，需要确认向最终用户交付的方式。传统 Web 应用的多租户结构是所有用户共享单个数据库实例和应用实例，这种形式在 Kubernetes 中工作没什么问题，也可以使用 Kubernetes 的方式进行服务的部署，但建议考虑把应用改造成多实例架构，以充分利用 Kubernetes 和容器化应用的优势特性。

采用多实例架构的好处如下。

- 稳定性：单点故障，不影响其他实例。
- 可伸缩：通过多实例架构，扩展也就是增加计算资源；而对于多租户架构，创建集群应用体系结构的部署可能会有些麻烦。
- 安全性：当使用单个数据库时，所有数据都在一起，一旦发生安全漏洞，所有用户都会受到威胁；而采用多数据中心，只会有一个用户的数据面临风险。

3）确定应用资源消耗。

为了节省成本，提高效率，需要确定运行单个应用实例所需的 CPU、内存和存储量，可以通过设置资源限制，精确调控 Kubernetes 中服务部署节点需要多少空间、多少 CPU 资源确保服务部署节点不会过载或者不可用，这需要反复尝试和验证，也可以使用一些工具达成这一目的，这些工具将会在后面的章节中详细讲解，那么资源分配需要做哪些事情呢？

- 在确定资源分配之后，可以计算 Kubernetes 节点的最佳资源大小。
- 将每个实例需要的内存或 CPU 乘以 100（节点可以容纳的最大 Pod 数），可以大概估计自己的节点应该有多少内存和 CPU。
- 对应用程序进行压力测试以确保它在满节点时顺利运行。

4）与 Kubernetes 的集成。

当构建好了 Kubernetes 分布式容器云调度系统后，可以发现想要实现 DevOps 的开发模式就水到渠成了，使用了这种服务的部署模式将会大大降低开发运维成本，Kubernetes 具有如下优势。

- 自动缩放 Kubernetes 节点。节点用满时，通常需要配置更多的节点以便所有实例顺畅运行，自动缩放的 Kubernetes 节点便派上了用场。
- 自动缩放应用程序。根据使用情况，某些应用需要按比例缩放，Kubernetes 使用可自动缩放部署的触发器来实现，命令如下。

```
kubectl autoscale deployment myapp --cpu-percent = 50 --min = 1 --max = 30
```

如上，当 CPU 百分比超过 50 时，将 myapp 部署扩展到 30 个容器。

- 在用户操作时自动配置实例。对于多实例架构，最终用户在 Kubernetes 中部署应用程序，而为了实现这一点，应该考虑将应用与 Kubernetes API 集成，或者使用第三方解决方案来提供请求实例的入口。
- 通过用户操作自定义主机名。最近越来越多的终端用户将其域名附加到应用程序中，而 Kubernetes 提供了一些工具来使这个过程变得更加简单，甚至到达自助服务的地步（用户按下一个按钮来设置域指向），可以使用 Nginx Ingress 等系统来完成此操作。

4.1　应用镜像整合

4.1.1　Docker 开启远程访问

需要使用 Docker 向远程的注册中心上传镜像，Docker 必须支持远程传递这一功能才可以使用，因此必须开启 Docker 远程访问的能力，开启方式配置如下所示。

```
#修改该 Docker 服务文件
vi /lib/systemd/system/docker.service
#修改 ExecStart 这行,将原来注释加上下面这条命令
ExecStart=/usr/bin/dockerd -H tcp://0.0.0.0:2375 -H unix:///var/run/docker.sock
#重新加载配置文件
systemctl daemon-reload
#重启服务
systemctl restart docker.service
#查看端口是否开启
netstat -nlpt #如果找不到 netstat 命令,可进行安装.yum install net-tools
#使用 curl 命令查看开启的端口配置是否生效
curl http://127.0.0.1:2375/info
```

4.1.2　IDEA 安装 Docker 插件

使用 Docker 将镜像上传仓库时，除了可以使用 Docker push 指令进行手动上传以外，也可以借助可视化的开发工具进行上传，但是上传之前需要安装 Docker 插件，安装方式如图 4-1 所示。使用的开发工具为 IDEA。

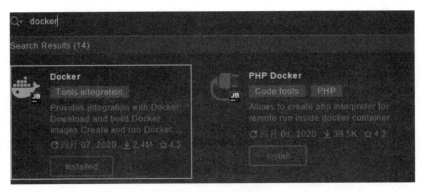

●图 4-1　Docker 插件

4.1.3　IDEA 配置 Docker

当 IDEA 开发工具安装好了 Docker 后，还需要对其远程访问的地址进行配置，在 Engine API URL 设置地址即可，设置如图 4-2 所示。

●图 4-2　Docker 插件配置

4.1.4　docker-maven-plugin

当 Docker 环境准备好后，接下来就需要准备项目 Docker 镜像的构建了，在镜像构建时，可以借助一些插件来实现项目 Docker 镜像的自动化构建。

市面上 docker-plugin 比较多，推荐使用 docker-maven-plugin，不管使用哪一种 docker 插件来构造 image，都比不上直接用 Dockerfile 编写简单，而且可复用，不用学习不同插件不同的构造规则。而插件的使用方式其实是 Dockerfile 方式另一种形式的体现。

镜像构建完毕后，可以推送到 Harbor 镜像私有仓库，也可以推送到云厂商提供的云仓库中，但是如果使用云镜像仓库，比如阿里云镜像仓库，最好给自己的 Docker 服务器配置阿里云镜像加速，否则经常导致镜像上传、下载速度慢。

docker-maven-plugin 有两大功能。

- 构造镜像，然后推送 Docker 镜像。
- 启动容器，停止 Docker 容器。

docker-maven-plugin 插件在项目中具体配置如下所示。

```xml
<plugin>
    <groupId>io.fabric8</groupId>
    <artifactId>docker-maven-plugin</artifactId>
    <version>0.33.0</version>

    <!--全局配置-->
    <configuration>
        <!--这一部分是为了实现对远程 Docker 容器的控制-->
        <!--Docker 主机地址,用于完成 Docker 各项功能,注意是 TCP 不是 HTTP!-->
        <dockerHost>tcp://公网 IP:2376</dockerHost>
        <!--Docker 远程访问所需证书地址,如果 Docker 远程主机没有启用 TLS 验证则不需要配
证书-->
        <certPath>${project.basedir}/docker/ssh</certPath>

        <!--这一部分是为了实现 Docker 镜像的构建和推送-->
        <!--Registry 地址,用于推送、拉取镜像,这里使用的是阿里的 Registry-->
        <registry>registry.cn-shenzhen.aliyuncs.com</registry>
        <!--认证配置,用于私有 Registry 认证,如果忘记了可以去阿里的 Registry 查看-->
        <authConfig>
            <push>
                <username>这里填 Registry 的用户名</username>
                <password>这里填 Registry 的密码</password>
            </push>
        </authConfig>

        <!--镜像相关配置,支持多镜像-->
        <images>
            <!-- 单个镜像配置 -->
            <image>
                <!--镜像名(含版本号)-->
                <name>命名空间/仓库名称:镜像版本号</name>
                <!--别名:用于容器命名和在 docker-compose.yml 文件只能找到对应名字的配
置-->
                <alias>${project.name}</alias>
                <!--镜像 build 相关配置-->
                <build>
                    <!--使用 dockerFile 文件-->
```

```
                    <dockerFile>${project.basedir}/docker/${project.name}</
dockerFile>
                </build>
                <!--配置docker-compose文件-->
                <external>
                    <type>compose</type>
                    <basedir>${project.basedir}/docker</basedir>
                    <composeFile>docker-compose.yml</composeFile>
                </external>
                <!--容器run相关配置-->
                <run>
                    <!--配置运行时容器命名策略为别名,如果不指定则默认为none,即使用随机
分配名称-->
                    <namingStrategy>alias</namingStrategy>
                </run>
            </image>
        </images>
    </configuration>
</plugin>
```

docker-maven-plugin 插件配置完毕后，需要借助 Docker 相关的构建指令来构建镜像，镜像构造相关的操作见表 4-1。

表 4-1　maven 构建镜像指令

maven 指令	功　　能
docker:start	创建和启动容器
docker:stop	停止并销毁容器
docker:build	构建镜像
docker:watch	自动进行重建和重启
docker:push	将镜像推送到 Registry
docker:remove	从本地 Docker 主机删除镜像
docker:logs	显示容器日志
docker:source	将 docker build archive 附加到 Maven 项目
docker:save	将镜像保存到文件
docker:volume-create	创建卷以在容器之间共享数据
docker:volume-remove	删除创建的卷

使用插件来构造镜像，打包到容器运行的完整流程如下所示。

```
mvn clean package docker:stop docker:remove docker:build docker:run
```

如果要推送镜像，可以使用 mvn docker:push，不是每一次运行都要推送镜像，如果要推送的话可以单独调用 docker:push。镜像构建的具体配置如下所示。

```
#示例配置
<plugin>
    <groupId>io.fabric8</groupId>
    <artifactId>docker-maven-plugin</artifactId>
    <version>0.33.0</version>

    <configuration>
        <dockerHost>tcp://111.229.61.54:2375</dockerHost>
        <registry>registry.cn-shenzhen.aliyuncs.com</registry>
        <authConfig>
            <push>
                <username>icodingallen</username>
                <password>icoding123</password>
            </push>
        </authConfig>
        <images>
            <image>
                <name>icoding/icoding-docker:v1.2</name>
                <build>
            <!--使用 dockerFile 文件 <dockerFile> ${project.basedir}/docker/
${project.name}</dockerFile>-->
                    <dockerFile>${project.basedir}/Dockerfile</dockerFile>
                </build>
                <run>
                    <ports>
                        <port>8080:8080</port>
                    </ports>
                </run>
            </image>
        </images>
    </configuration>
</plugin>
```

4.1.5　dockerfile

上一小节使用 Docker 插件来进行镜像的构建，其实更加简单的构建方式就是使用 dock-erfile。

```
FROM java:8
LABEL maintainer=icoding
ADD target/*.jar /app.jar
```

```
EXPOSE 8080
CMD ["java","-jar","app.jar"]
```

4.2　私有镜像仓库

4.2.1　Harbor 简介

Harbor 私有仓库和第一个 Registry 私有仓库相比较而言，功能强大很多，并且支持 Web 图形化管理（推荐使用）。

作为一个企业级私有 Registry 服务器，Harbor 提供了更好的性能和安全。提升用户使用 Registry 构建和运行环境传输镜像的效率。Harbor 支持安装在多个 Registry 节点的镜像资源复制，镜像全部保存在私有 Registry 中，确保数据和知识产权在公司内部网络中管控。另外，Harbor 也提供了高级的安全特性，诸如用户管理、访问控制和活动审计等。

基于角色的访问控制：用户与 Docker 镜像仓库通过"项目"进行组织管理，一个用户可以对多个镜像仓库在同一命名空间中有不同的权限。

- 镜像复制：镜像可以在多个 Registry 实例中复制（同步）。尤其适合于负载均衡、高可用、混合云和多云的场景。
- 图形化用户界面：用户可以通过浏览器来浏览，检索当前 Docker 镜像仓库，管理项目和命名空间。
- AD/LDAP 支持：Harbor 可以集成企业内部已有的 AD/LDAP，用于鉴权认证管理。
- 审计管理：所有针对镜像仓库的操作都可以被记录追溯，用于审计管理。
- 国际化：已拥有英文、中文、德文、日文和俄文的本地化版本。更多的语言将会添加进来。
- RESTful API：RESTful API 提供给管理员对于 Harbor 更多的操控，使得与其他管理软件集成变得更容易。
- 部署简单：提供在线和离线两种安装工具，也可以安装到 vSphere 平台（OVA 方式）虚拟设备。

4.2.2　Harbor 架构

Harbor 镜像仓库主要组件包括 Proxy，它是一个 Nginx 前端代理，主要是分发前端页面 UI 访问和镜像上传、下载流量；如图 4-3 所示，UI 提供了一个 Web 管理页面，当然还包括了一个前端页面和后端 API，底层使用 MySQL 数据库；Registry 是镜像仓库，负责存储镜像文件，当镜像上传完毕后通过 hook 通知 UI 创建 Repository，当然 Registry 的 token 认证也是通过 UI 组件完成；Admin Server 是系统的配置管理中心，可以检查存储用量，UI 端 Job service 启动时需要加载 Admin Server 的配置；Job service 负责镜像复制，它和 Registry 通信，从一个 Registry pull 镜像然后 push 到另一个 Registry，并记录 job_log；Log 是日志汇总组件，通过 Docker 的 log-driver 把日志汇总到一起。

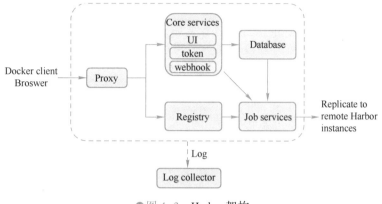

●图 4-3 Harbor 架构

4.2.3 安装 compose

打开 github. com 官网，在登录页面的右上角搜索 compose，找到 docker/compose 再找 Releases 标签（网址为 https://github. com/docker/compose/releases），下载地址如图 4 - 4 所示。

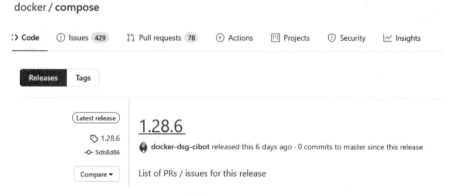

●图 4-4 compose

安装 docker-compose，需要准备 Docker 环境，然后再安装 docker-compose，安装 docker-compose 非常简单，只需要配置环境变量即可安装完成。

```
1)在线下载 docker-compose,Harbor 需要借助 docker-compose 安装
安装依赖包
2)yum -y install yum-utils device-mapper-persistent-data lvm2
复制官网上的上述命令
3) curl - L https:// github.com/ docker/ compose/ releases/ download/ 1.24.1/
docker-compose-'uname -s' -'uname -m' -o /usr/local/bin/docker-compose
```

赋予该命令执行权限

```
4)chmod u+x /usr/local/bin/docker-compose
#查看其版本信息
5)docker-compose -version
docker-compose version 1.24.1, build 4667896b


############################## 推荐离线安装 ##########################################
```

离线安装

上传本地文件,资料已经准备,在本地文件夹

把本地文件复制到/usr/local/bin 目录下

```
1)mv docker-compose /usr/local/bin/
```

授权:可以执行

```
2)chmod 755 /usr/local/bin/docker-compose
```

查询 Docker 版本

```
3)docker-compose -version
```

4.2.4　Harbor 安装

Harbor 被部署为多个 Docker 容器，因此可以部署在任何支持 Docker 的 Linux 服务器上，且需要 Docker 和 Docker Compose 才能安装。

安装 Harbor 配置资源的要求见表 4-2。

表 4-2　资源配置

资　　源	最 低 要 求	推　荐　的
中央处理器	两个 CPU	4 个 CPU
内存	4 GB	8 GB
磁盘	40 GB	160 GB

表 4-3 列出了必须在目标主机上安装的软件版本。

表 4-3　Docker 匹配版本

软　　件	版　　本	描　　述
Docker 引擎	17.06.0-ce +或更高版本	有关安装说明，请参阅 docker engine doc
Docker 撰写	版本 1.18.0 或更高	有关安装说明，请参阅 docker compose doc
Openssl	最好是最新的	用于生成 Harbor 的证书和密钥

Harbor 服务安装步骤如下。

1）追加 ip:hostname 到每一台机器节点。

```
#追加 ip:hostname 到配置文件
echo "192.168.66.13 hub.kaikeba.com" >> /etc/hosts
#查询 Harbor 服务节点 /etc/hosts
```

```
192.168.66.13 hub.kaikeba.com
#配置 IP 地址与域名的映射关系,此处在系统 hosts 文件中配置 ip:hostname
192.168.66.13 hub.kaikeba.com
#将下载的安装包解压到指定目录
tarzxf harbor-offline-installer-v1.7.4.tgz -C /usr/src
2)修改 Harbor 的配置文件
#切换至解压后的目录中
cd /usr/src/harbor/
#编辑这个配置文件
vim harbor.cfg
 . . . . . . . . . . . . .
#将 hostname 更改为本机 IP 地址
#[此处可以写域名:hostname = hub.kaikeba.com]
hostname = 192.168.66.7

#设置 HTTPS 协议
ui_url_protocol = https

#这行指定的是登录 Harbor 的登录名及密码
#默认用户为"admin",密码为"Harbor12345"
harbor_admin_password = Harbor12345
```

2）生成自定义证书。

```
#自定义证书开启
customize_crt = on
#创建证书存储目录 ssl_cert = /data/cert/server.crt,配置文件中有说明
mkdir -p /data/cert/

#创建证书
#进入创建的存储证书的目录
#首先生成证书私钥
openssl genrsa -des3 -out server.key 2048
#证书的服务
openssl req -new -key server.key -out server.csr
#备份私钥
cp server.key server.key.org
#转换为证书
openssl rsa -in server.key.org -out server.key
#给证书签名
openssl x509 -req -days 365 -in server.csr -signkey server.key -out server.crt
#给所有的证书授权
chmod 755 *
```

3）开始安装 Harbor。

```
#执行自带的安装脚本,安装完毕,浏览器即可访问
./install.sh
#在 10,11,12 几台工作机器上加入编辑的 Docker 的主配置文件 daemon.json,注意逗号的问题,
否则无法连接 Harbor
"insecure-registries": ["https://hub.kaikeba.com"]
#配置阿里云镜像
{"exec-opts": ["native.cgroupdriver=systemd"],"log-driver": "json-file","log-
opts": { "max-size": "100m"}," registry-mirrors": [ " https://
pee6w651.mirror.aliyuncs.com"]," insecure-registries": [ " https://
hub.kaikeba.com"]}


#确定 80 端口正在监听
netstat -antp |grep 80


#重新加载配置文件
systemctl daemon-reload
#重启 Docker 服务
systemctl restart docker
#停止所有容器
docker-compose stop
#启动所有容器
docker-compose start
```

4.2.5 登录 Harbor

使用浏览器访问 Harbor 服务器的 IP 地址，使用配置文件中指定的用户名及密码登录（默认用户为"admin"，密码为"Harbor12345"），登录方式如图 4-5 所示。

●图 4-5 Harbor 登录

4.2.6　上传镜像

新建一个镜像仓库，以供新的镜像上传使用。单击新建仓库，新建一个名为 dev 的仓库，上传新的镜像到这个仓库下，新仓库 dev 如图 4-6 所示。

●图 4-6　Harbor 仓库

新的仓库建立好后，就可以上传打包好的镜像了，上传镜像时必须先登录 Harbor 镜像仓库，否则无法上传。

```
#命令行登录到Harbor
#docker login -u admin -p Harbor12345 192.168.20.7:80
#域名登录
docker login https://hub.kaikeba.com
#更改镜像名称
docker tagcentos:latest hub.kaikeba.com/test/centos:latest
```

Docker 镜像使用 docker push 上传即可。但是需要注意在上传镜像时镜像仓库的命名规范，上传镜像的仓库地址必须是域名+仓库名+镜像名，否则无法上传镜像。

```
#注意要上传至 Harbor 仓库的命名规范,其中 test 是刚才在 Harbor 创建的项目
#上传至Harbor,将会根据域名到指定仓库进行上传
docker push hub.kaikeba.com/test/centos:latest
#下载镜像,将会根据域名到指定仓库进行下载
docker pull hub.kaikeba.com/test/centos:latest
```

4.3 应用的抽象

4.3.1 应用服务的结构

应用项目服务采用微服务架构模式，开发框架使用 Spring Cloud 开发，这些服务需要把它部署在 Kubernetes 云服务中，需要对其做一些改造。项目结构如图 4-7 所示。

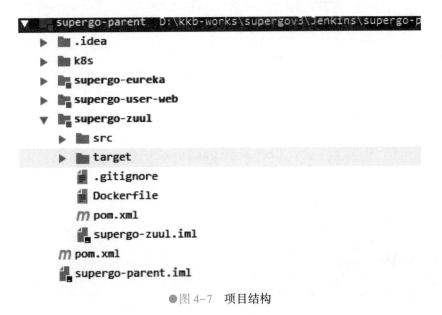

●图 4-7 项目结构

简单地对服务的功能及目录做一个介绍说明。

- supergo-eureka 为服务的注册中心。
- supergo-user-web 是一个微服务架构中的用户服务的模块。
- supergo-zuul 为网关服务。
- k8s 此目录下是项目一些配套的 Kubernetes 服务部署文件。
- Dockerfile 是项目镜像的构建文件，每一个项目下都有 Dockerfile，可以使用 Dockerfile 对每一个项目进行构建。

4.3.2 Dockerfile 镜像构建

通过 docker-maven-plugin 整合 Dockerfile 的方式构建镜像，然后把镜像推送到镜像仓库即可；有了镜像后，再使用 Kubernetes 实现服务的部署就非常方便了。

```xml
<build>
    <finalName>app</finalName>
    <plugins>
        <plugin>
            <groupId>org.springframework.boot</groupId>
            <artifactId>spring-boot-maven-plugin</artifactId>
        </plugin>
        <plugin>
            <groupId>com.spotify</groupId>
            <artifactId>docker-maven-plugin</artifactId>
            <version>0.4.13</version>
            <configuration>
                <!--Dockerfile 指令:变成插件配置-->
                <!--用于指定镜像名称-->
                < imageName > hub.kaikeba.com/ df/ ${project.artifactId}:
${project.version}</imageName>
                <!--用于指定基础镜像,相当于 Dockerfile 中的 FROM 指令-->
                <!--FROM jdk1.8:v1-->
                <baseImage>hub.kaikeba.com/df/jdk1.8:v1</baseImage>
                <!--指定工作目录-->
                <!--<workdir>/</workdir>-->
                <maintainer>ithubin@163.com</maintainer>
                <cmd>["java","-version"]</cmd>
                <!--相当于 Dockerfile 的 ENTRYPOINT 指令-->
                <!--dockerfile : entryPoint-->
                <entryPoint>["java","-jar","/${project.build.finalName}.jar"]
</entryPoint>
                <!--指定 Harbor 镜像仓库地址,指定:镜像仓库用户名,密码-->
                <serverId>my-docker-registry</serverId>
                <!--是否跳过 docker build-->
                <!--<skipDockerBuild>true</skipDockerBuild>-->
                <resources>
                    <resource>
                        <!--workdir ADD xx.jar /-->
                        <!--workdir 工作目录-->
                        <targetPath>/</targetPath>
                        <!--用于指定需要复制的根目录,${project.build.directory}表示 target 目
录-->
                        <directory>${project.build.directory}</directory>
                        <!--用于指定需要复制的文件.${project.build.finalName}.jar 指的是
打包后的 jar 包->
                        <include>${project.build.finalName}.jar</include>
```

```
                </resource>
            </resources>
            <!--使用本地镜像仓库-->
            <!-- <dockerHost>http://192.168.66.66:2375</dockerHost>-->
        </configuration>
      </plugin>
    </plugins>
</build>
```

当然也可以根据原生的 Dockerfile 文件，使用 shell 命令进行自动化构建，把 Docker 镜像的构建命令集成到 Jenkins 中，让 Jenkins 来进行构建。

```
FROM hub.kaikeba.com/library/jdk1.8:v1
COPY ./target/app.jar /
WORKDIR /
ENTRYPOINT ["java","-jar","app.jar"]
```

4.3.3　Deployment

应用向 Kubernetes 中进行迁移时，需要把应用部署的方式抽象为 yaml 文件的描述方式，然后进行部署，在资源文件中根据 Kubernetes 的部署规则对资源对象进行描述，控制资源对象的名称、副本数量、资源使用的限制、存活检测、就绪检测等。

Deployment 为 Pod 和 ReplicaSet 提供了一个声明式定义方法，用来替代以前的 ReplicationController 来方便地管理应用。

典型的应用场景。

- 定义 Deployment 来创建 Pod 和 ReplicaSet。
- 滚动升级和回滚应用。
- 扩容和缩容。
- 暂停和继续 Deployment。

Deployment 不仅仅可以滚动更新，而且可以进行回滚，如果升级到 V2 版本后，发现服务不可用，可以回滚到 V1 版本，Deployment 资源对象定义如下。

```
apiVersion: apps/v1
kind: Deployment
metadata:
  labels:
    app: eureka
  name: eureka
  namespace: edu
spec:
  progressDeadlineSeconds: 600
  replicas: 2
```

```
revisionHistoryLimit: 10
selector:
  matchLabels:
    app: eureka
    release: eurekaserver
strategy:
  rollingUpdate:
    maxSurge: 25%
    maxUnavailable: 25%
  type: RollingUpdate
template:
  metadata:
    creationTimestamp: null
    labels:
      app: eureka
      release: eurekaserver
  spec:
    containers:
    - env:
      - name: K
        value: V
      image: registry.cn-beijing.aliyuncs.com/kkb2/eureka:v2
      imagePullPolicy: Always
      livenessProbe:
        failureThreshold: 3
        initialDelaySeconds: 120
        periodSeconds: 10
        successThreshold: 1
        tcpSocket:
          port: 9000
        timeoutSeconds: 5
      name: admin-server
      readinessProbe:
        failureThreshold: 3
        initialDelaySeconds: 120
        periodSeconds: 10
        successThreshold: 1
        tcpSocket:
          port: 9000
        timeoutSeconds: 5
      resources:
        limits:
```

```
        cpu: "1"
        memory: 2Gi
      requests:
        cpu: 500m
        memory: 1Gi          #请求开始,初始化先申请1GB的空间,上限是2GB
    terminationMessagePath: /dev/termination-log
    terminationMessagePolicy: File
  dnsPolicy: ClusterFirst
  imagePullSecrets:
  - name: kkb100
  restartPolicy: Always
  schedulerName: default-scheduler
  securityContext: {}
  terminationGracePeriodSeconds: 30
```

> **注意:**

CPU:500 m 请求开始初始化使用半个 CPU,此处的值可以不带单位(如 0.5 表示半个 CPU),也可以用 m(millicpu),0.5CPU 等价于 500m。memory:1Gi 是指请求开始,初始化先申请 1 GB 的空间,上限是 2 GB。

4.3.4 Service 4 层负载

Service 是一个抽象的概念。它通过一个虚拟 IP 的形式(VIPs),映射出指定的端口,通过代理客户端发来的请求转发到后端一组 Pods 中的一台(也就是 Endpoint)。

Service 定义了 Pod 逻辑集合和访问该集合的策略,是真实服务的抽象。Service 提供了统一的服务访问入口、服务代理和发现机制,关联多个相同 Label 的 Pod,用户不需要了解后台 Pod 是如何运行。

Service 资源对象定义方式如下所示。

```
apiVersion: v1
kind: Service
metadata:
  labels:
    app: eureka
  name: eurekaserver
  namespace: edu
spec:
  ports:
  - name: eureka
    port: 80
```

```
    protocol: TCP
    targetPort: 9000
  selector:
    app: eureka
  type: ClusterIP
```

4.3.5 Ingress 7 层负载

在介绍 Kubernetes 的服务（Service）时介绍了暴露 Service 的三种方式 ClusterIP、Node-Port 与 LoadBalance，这几种方式都是在 Service 环境提供的，Service 的作用体现在两个方面，对集群内部，它不断跟踪 Pod 的变化，更新 Endpoint 中对应 Pod 的对象，提供了 IP 地址不断变化的 Pod 的服务发现机制，对集群外部，它类似负载均衡器，可以在集群内外部对 pod 进行访问。但是，单独使用 Service 暴露服务的方式在实际生产环境中不太合适。

- ClusterIP 的方式只能在集群内部访问。
- NodePort 方式在测试环境中可以使用，但当有几十甚至上百的服务在集群中运行时，NodePort 的端口管理相对比较困难。
- LoadBalance 方式受限于云平台，且通常在云平台部署 ELB 还需要额外的费用。

Kubernetes 还提供了一种集群维度暴露服务的方式，也就是 Ingress。Ingress 可以简单理解为 Service 的 Service，他通过独立的 Ingress 对象来制定请求转发的规则，把请求路由到一个或多个 Service 中。这样就把服务与请求规则进行了解耦，可以从业务维度统一考虑业务的暴露，而不用为每个 Service 单独考虑。

举个例子，现在集群有多个服务、前端多个 Service，可以通过一个 Ingress 对象来实现如图 4-8 所示的请求转发。

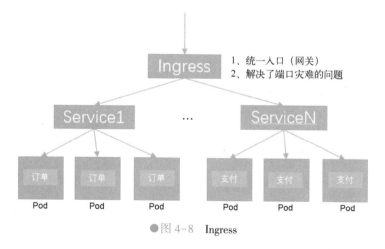

●图 4-8　Ingress

因此对服务部署，必须部署一个统一的入口 Ingress，作为 7 层负载均衡的入口，减少 Service 资源对象在每一个 Node 节点开辟端口的消耗，提升服务性能，减少服务访问的复杂性。

```
apiVersion: autoscaling/v2beta2
kind: HorizontalPodAutoscaler
metadata:
  name: hpa-cpu-jshopserver
  namespace: edu
spec:
  maxReplicas: 30
  metrics:
  - resource:
      name: cpu
      target:
        averageUtilization: 70
        type: Utilization
    type: Resource
  minReplicas: 1
  scaleTargetRef:
    apiVersion: apps/v1
    kind: Deployment
    name: jshop-server
```

4.3.6　HPA 动态扩缩容

Horizontal Pod Autoscaling 仅适用于 Deployment 和 ReplicaSet，在 V1 版本中仅支持根据 Pod 的 CPU 利用率扩容，在 vlalpha 版本中，支持根据内存和用户自定义的 metric 扩缩容。

在本节案例中，将根据 CPU 的资源利用率来进行扩容，如果 CPU 资源利用率达到了 70%，就对服务进行扩容，扩容方式按照 25% 的替换速度进行，但是当 CPU 的资源利用率 小于 70% 时，这时候又会缩容。

```
apiVersion: autoscaling/v2beta2
kind: HorizontalPodAutoscaler
metadata:
  name: hpa-cpu-jshopserver
  namespace: edu
spec:
  maxReplicas: 30
  metrics:
  - resource:
      name: cpu
      target:
        averageUtilization: 70
        type: Utilization
```

```
    type: Resource
 minReplicas: 1
 scaleTargetRef:
   apiVersion: apps/v1
   kind: Deployment
   name: jshop-server
```

4.4 本章小结

本章中对如何把镜像迁移到 Kubernetes 中，尤其是 Java 对应的应用服务迁移到 Kubernetes 中做了实战讲解及案例演示，本章重点内容如下所示。

- 应用镜像整合：主要讲解了如何通过开发工具、插件、Dockerfile 共同来构建镜像，然后把镜像推送到镜像仓库。
- 私有镜像仓库：主要讲解了企业级 Harbor 镜像仓库的构建，同时讲解了镜像仓库如何推送镜像，如何构建仓库等使用方法。
- 应用的抽象：主要讲解了应用如何完美集成到 Kubernetes 中，有了镜像后，需要把应用部署到 Kubernetes 中，还需要定义一系列配置文件。本小节主要讲解这些配置文件，然后使用这些配置文件进行服务的部署。

第5章

持续集成与持续部署

5.1　持续集成、交付与部署

5.1.1　持续集成

持续集成（Continuous Integration）是指软件个人研发的部分向软件整体部分交付，频繁进行集成以便更快地发现其中的错误。"持续集成"源自于极限编程（XP），是 XP 最初的 12 种实践之一。

持续集成是一个开发的实践，需要开发人员定期集成代码到共享存储库。这个概念是为了消除发现的问题，后来出现构建生命周期的问题。持续集成要求开发人员频繁地构建。最常见的做法是，每当一个代码提交时，触发构建。

CI 需要具备以下功能。

- 全面的自动化测试。这是实践持续集成和持续部署的基础，同时，选择合适的自动化测试工具也极其重要。
- 灵活的基础设施。容器、虚拟机的存在让开发人员和 QA 人员不必再大费周折。
- 版本控制工具。如 Git，CVS，SVN 等。
- 自动化的构建和软件发布流程的工具，如 Jenkins，flow. ci。
- 反馈机制。如构建/测试失败，可以快速地反馈到相关负责人，以尽快达到一个更稳定的版本。

频繁地（一天多次）将代码集成到主干，将软件个人研发的部分向软件整体部分交付，频繁进行集成以便更快地发现其中的错误。如图 5-1 所示，从编码、构建、集成，再到测试整个过程，称为持续集成测试，把代码分支集成到主分支，然后进行测试，快速发现错误，每完成一点更新，就集成到主干，可以快速发现错误，定位错误也比较容易，同时防止分支大幅偏离主干，如果不是经常集成，主干又在不断更新，会导致以后集成的难度变大，甚至难以集成。因此必须经常地、频繁地进行集成测试，保证软件高质量交付。

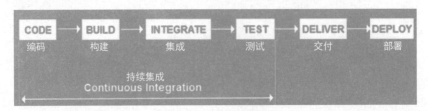

●图 5-1　持续集成

> 注意：
>
> 持续集成并不能消除 Bug，而是让它们非常容易发现和改正。持续集成的目的，就是让产品可以快速迭代，同时还能保持高质量。它的核心措施是：代码集成到主干之前，必须通过自动化测试。只要有一个测试用例失败，就不能集成。

5.1.2 持续交付

持续交付（Continuous Delivery）在持续集成的基础上，将集成后的代码部署到更贴近真实运行环境的类生产环境（Production-like Environments）中。持续交付优先于整个产品生命周期的软件部署，建立在高水平自动化持续集成之上。

持续交付和持续集成的优点非常相似。

- 快速发布。能够应对业务需求，并更快地实现软件价值。
- 编码→测试→上线→交付的频繁迭代周期缩短，同时可以获得迅速反馈。
- 高质量的软件发布标准。整个交付过程标准化、可重复、可靠。
- 整个交付过程进度可视化，方便团队人员了解项目成熟度。
- 更先进的团队协作方式。从需求分析、产品的用户体验到交互设计、开发、测试、运维等角色密切协作，相比于传统的瀑布式软件团队，更少浪费。

频繁地将软件的新版本交付给质量团队或者用户，以供评审。如果评审通过，代码就进入生产阶段，如图 5-2 所示，软件测试完毕后，交付给质量评审部门进行评审，评审合格后进入生产阶段。

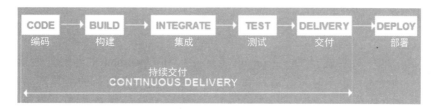

●图 5-2 持续交付

5.1.3 持续部署

持续部署（Continuous Deployment）是指当交付的代码通过评审之后，自动部署到生产环境中。持续部署是持续交付的最高阶段。这意味着，所有通过了一系列自动化测试的改动都将自动部署到生产环境。它也可以被称为 "Continuous Release"。

开发人员提交代码，持续集成服务器获取代码，执行单元测试，根据测试结果决定是否部署到预演环境，如果成功部署到预演环境，进行整体验收测试，如果测试通过，自动部署到产品环境，全程自动化高效运转。

持续部署的主要好处是可以相对独立地部署新的功能，并能快速地收集真实用户的反馈。

"You build it, you run it"，这是 Amazon 一年可以完成 5000 万次部署，平均每个工程师每天部署超过 50 次的核心秘籍。

完整的持续集成，持续部署的工作流程如图 5-3 所示。

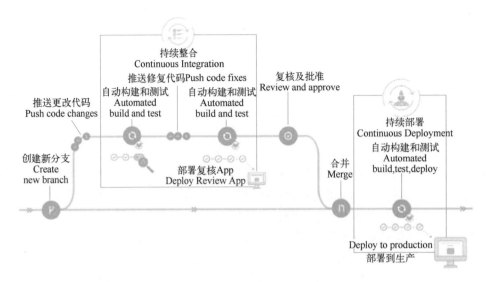

● 图 5-3　持续部署

5.2　DevOps 的基本概念

DevOps 这个词，其实就是 Development（开发）和 Operation（运维）两个词的组合。DevOps 不是一项技术，也不是一套流程和方法论，更不是一套简单的工具产品。DevOps 的维基百科定义是这样的：DevOps 是一组过程、方法与系统的统称，用于促进开发、技术运营。

运维和质量保证（QA）部门之间的沟通、协作与整合。

通过实践 DevOps，可以将开发、测试、运维之间的工作串联起来，以持续构建、自动化测试、持续发布为目标，将所有流程全部自动化。

最大化减少了重复性的人力投入。同时，基础环境的自动化构建也降低了由于人的原因带来的意外风险。图 5-4 为 DevOps 所包含的流程。

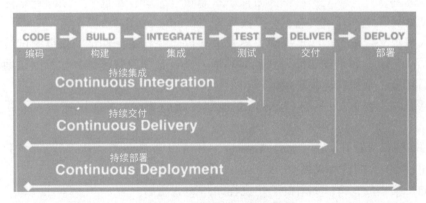

● 图 5-4　持续集成、持续部署

　　总的来说，持续集成、持续交付、持续部署提供了一个优秀的 DevOps 环境。对于整个开发团队来说，能极大提升开发效率，好处与挑战并行。无论如何，频繁部署、快速交付以及开发测试流程自动化都将成为未来软件工程的重要组成部分。

　　DevOps 这个词是 Patrick Debois 于 2009 年创造的。出生于比利时的 Patrick 曾经是一名IT 咨询师，2009 年他参加了一个技术大会，在会上听了 10+ Deploys Per Day：Dev and Ops Cooperation at Flickr 的演讲，深受启发，并创造了 DevOps 这个词。

　　目前，DevOps 处于高速增长的阶段。尤其是在大企业中，DevOps 受到了广泛的欢迎。越大的企业，越喜欢 DevOps。包括 Adobe、Amazon、Apple、Airbnb、Ebay、Etsy、Facebook、LinkedIn、Netflix、NASA、Starbucks、Walmart、Sony 等公司，都在采用 DevOps。

　　DevOps 的一个主要和总体目标是将软件交付和基础设施更改的流程自动化，它旨在建立一种文化和环境，使构建、测试和发布软件能够快速、频繁和更可靠地发生。为此，敏捷方法论增强了人们对 DevOps 原理和自动化软件的关注和采用。

　　DevOps 带来开发无尽头的可能性，DevOps 涵盖了代码、部署目标的发布和反馈等环节，闭合成一个无限大符号形状的 DevOps 能力闭环，如图 5-5 所示。

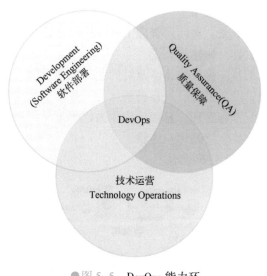

●图 5-5　DevOps 能力环

DevOps：Development 和 Operations 的组合。
- DevOps 看作开发（软件工程）、技术运营和质量保障（QA）三者的交集。
- 突出重视软件开发人员和运维人员的沟通合作，通过自动化流程来使得软件构建、测试、发布更加快捷、频繁和可靠。
- DevOps 希望做到的是软件产品交付过程中 IT 工具链的打通，使得各个团队减少时间损耗，更加高效地协同工作。专家们总结出了 DevOps 能力环，良好的闭环可以大大增加整体的产出。

　　在过去几年的开发实践中，开发和运维几乎完全在各自的孤岛中进行。运营团队由系统和网络工程师、DBA 以及其他人员组成，这些人员负责构建、管理和监控 IT 基础设施，以确保软件能够得到正确部署和支持。他们接收经过测试的软件构建并管理软件在 IT 网络上的发布和部署，同时监控网络稳定性。

有些人认为 DevOps 意味着开发人员接管了运营。这只是一部分而不是全部。当人们意识到部分运营需要自动化时，运维人员需要进行一些自动化开发，开发人员也编写"运维"代码，或两者兼而有之。可怕的是，没有找到在这两种人员之间的整体协作方法，所有的成功团队都是将具有深度开发技能和深度运维技能人协调在一起工作，以创建一个更好的产品。

在现在的开发环境下，实现 DevOps 的三驾马车分别是 Jenkins、Docker、Kubernetes，利用如上的技术实现 DevOps 流水线的开发环境将会起到事半功倍的效果。

5.3　DevOps 工具链

由于 DevOps 是一种跨职能的工作模式，因此实践过程需要使用不同的工具集（被称为"工具链"），而不是单一的工具集。这些工具链应该符合以下一个或多个类别，这些类别反映了开发和交付过程中的关键环节。

- 编码——代码开发和审查、源代码管理工具、代码合并。
- 构建——持续集成工具，构建状态。
- 测试——持续测试工具，提供快速、及时的业务风险反馈。
- 发布——变更管理、发布审批、发布自动化。
- 配置——基础设施配置和管理，基础设施作为代码工具。
- 监控——应用性能监控、终端用户体验。

DevOps 生态圈工具链如图 5-6 所示。

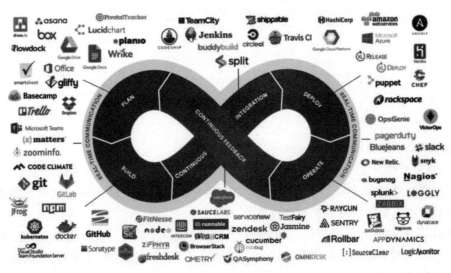

●图 5-6　DevOps 工具链

DevOps 需要通过技术工具链完成持续集成、持续交付、用户反馈和系统优化的整合。工具链包括如下工具。

- 版本控制和协作开发：GitHub、GitLab、BitBucket、SubVersion、Coding、Bazaar。
- 自动化构建和测试：Apache Ant、Maven、Selenium、PyUnit、QUnit、JMeter、Gradle、PHPUnit。
- 持续集成和交付：Jenkins、Capistrano、BuildBot、Fabric、Tinderbox、Travis CI、flow. ci Continuum、LuntBuild、CruiseControl、Integrity、Gump、Go。
- 容器平台：Docker、Rocket、Ubuntu（LXC）、第三方厂商（如 AWS/阿里云）。
- 配置管理：Chef、Puppet、CFengine、Bash、Rudder、Powershell、RunDeck、Saltstack、Ansible。
- 微服务平台：OpenShift、Cloud Foundry、Kubernetes、Mesosphere。
- 服务开通：Puppet、Docker Swarm、Vagrant、Powershell、OpenStack Heat。
- 日志管理：Logstash、CollectD、StatsD。
- 监控、警告和分析：Nagios、Ganglia、Sensu、zabbix、ICINGA、Graphite、Kibana。

目前，业界典型的持续集成工具有 ravis CI、Bamboo、TeamCity、CircleCI、Gitlab CI、Jenkins 等，在大多数企业中，目前使用比较多的是 Jenkins，因此本部分着重讲解 Jenkins 的实战使用经验及技巧，当然现在流行的技术是 Jenkins+Docker+Kubernetes 结合使用，因此这些技术都会配套的讲解。那么接下来看看 Jenkins 如何工作吧。

5.4　Jenkins 部署实践

5.4.1　Jenkins 是什么

Jenkins，之前叫作 Hudson，由 SUN 公司启动，2010 年 Oracle 收购 SUN 导致 Hudson 商标归 Oracle 保留，Hudson 的主要贡献者基于 Hudson 更名为 Jenkins 并持续更新。很长一段时间内 Jenkins 和 Hudson 继续作为两个独立的项目，每个都认为对方是自己的分支。目前 Hudson 已经停止开发，最新的版本发布于 2016 年，而 Jenkins 的社区和开发却异常活跃。Jenkins 是目前市场上使用最多的 CI/CD 工具。

Jenkins 是基于 Java 开发的一种持续集成工具。Jenkins 作为持续集成工具，持续集成是其核心功能，在核心功能基础之上可扩展实现强大的 CD 功能。

Jenkins 特点如下。

- 开源免费。
- 易于安装（基本上算是所有 CI 工具中安装配置最简单的）。
- 多平台支持（Windows/Linux/macOS）。
- 主从分布式架构。
- 提供 Web 可视化配置管理页面。
- 安装配置简单。
- 插件资源丰富。

Jenkins 的应用场景如下。

- 集成 Git 客户端实现源代码下载检出。
- 集成 maven/ant/gradle/npm 等构建工具实现源码编译打包单元测试。
- 集成 sonarqube 对源代码进行质量检查（复杂度、新增 bug 等）。
- 集成 SaltStack/Ansible 实现自动化部署发布。
- 集成 Jmeter/Soar/Kubernetes/…。
- 可以自定义插件或者脚本，通过 Jenkins 传参运行，可以说 Jenkins 比较灵活，插件资源丰富，日常运维工作都可以自动化。

Jenkins 的版本如下。

- Jenkins 1. x：不支持 Pipeline。
- Jenkins 2. x：支持 Pipeline（主流）。
- Jenkins X：基于 Kubernetes 的持续集成（趋势）。

总之 Jenkins 是一款开源 CI&CD 软件，用于自动化各种任务，包括构建、测试和部署软件。Jenkins 支持各种运行方式，可通过系统包、Docker 或者通过一个独立的 Java 程序。

Jenkins 特性如下。

- 开源的 Java 语言开发持续集成工具，支持 CI、CD。
- 易于安装部署配置：可通过 yum 安装，或下载 war 包以及通过 Docker 容器等快速实现安装部署，可方便 Web 界面配置管理。
- 消息通知及测试报告：集成 RSS/E-mail 通过 RSS 发布构建结果或当构建完成时通过 E-mail 通知，生成 JUnit/TestNG 测试报告。
- 分布式构建：支持 Jenkins 能够让多台计算机一起构建/测试。
- 文件识别：Jenkins 能够跟踪哪次构建生成哪些 jar，哪次构建使用哪个版本的 jar 等。
- 丰富的插件支持：支持扩展插件，可以开发适合自己团队使用的工具，如 Git、SVN、Maven、Docker 等。

伴随着 Jenkins，有时人们还可能看到它与 Hudson 关联。Hudson 是由 Sun Microsystems 开发的一个非常流行的开源，基于 Java 的持续集成工具，后来被 Oracle 收购。Sun 被 Oracle 收购之后，一个从 Hudson 源代码的分支由 Jenkins 创建出台。

5.4.2　Jenkins 安装

1. 准备工作

第一次使用 Jenkins，需要准备如下。

（1）机器要求

- 256 MB 内存，建议大于 512 MB。
- 10 GB 的硬盘空间（用于 Jenkins 和 Docker 镜像）。

（2）需要安装的软件

- Java 8(JRE 或者 JDK 都可以)。

● Docker（导航到网站顶部的 Get Docker 链接以访问适合您平台的 Docker 下载）。

2. 下载并运行 Jenkins

● 下载 Jenkins。

● 打开终端进入到下载目录。

● 运行命令 java -jar Jenkins. war。

● 打开浏览器进入链接 http://localhost:8080。

● 按照说明完成安装。

3. 离线安装

当 Jenkins 启动完毕，安装 Jenkins 插件时，发现 Jenkins 处于离线状态（且在后台启动其实已经报错），如图 5-7 所示，无法安装相应的插件，因此需要解决此离线问题。

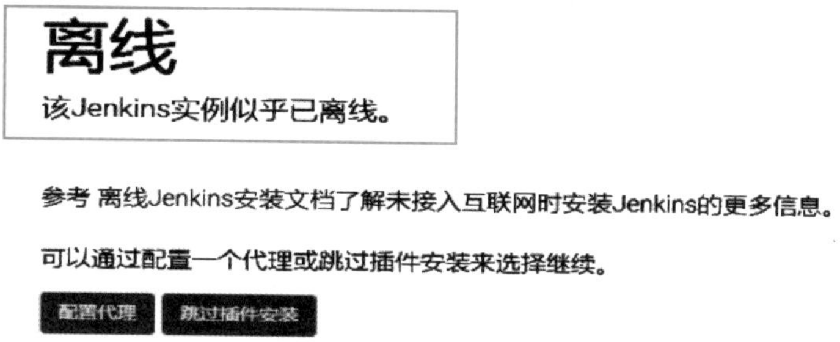

离线

该Jenkins实例似乎已离线。

参考 离线Jenkins安装文档了解未接入互联网时安装Jenkins的更多信息。

可以通过配置一个代理或跳过插件安装来选择继续。

配置代理　跳过插件安装

●图 5-7　Jenkins 离线

出现错误：由于证书认证问题，无法实现 Jenkins 的安装 javax. net. ssl. SSLHandshakeException：sun. security. validator. ValidatorException：PKIX path building failed：sun. security. provider. certpath. SunCertPathBuilderException：unable to find valid certification path to requested target。

原因就是升级站点的链接 https://updates. Jenkins. io/update-center. json 默认是 HTTPS 的，如何解决呢？

解决方案如图 5-8 所示，升级 HTTPS 协议为 HTTP 协议即可，就可以下载相应 Jenkins 的安装包。HTTPS 协议改为 HTTP 后为 http://updates. Jenkins. io/update-center. json。

第三步：重启Jenkins

OK，重启后再次输入密码进入就是正常的啦，正常的页面如下：

●图 5-8　离线地址

4. 安装相对应的插件

修改地址为离线地址后，就可以进入插件安装的环节了，而插件安装选择建议安装即可，Jenkins 会自动选择必要的插件进行自动安装，如图 5-9 所示，选择 Install suggested plugins 即可。

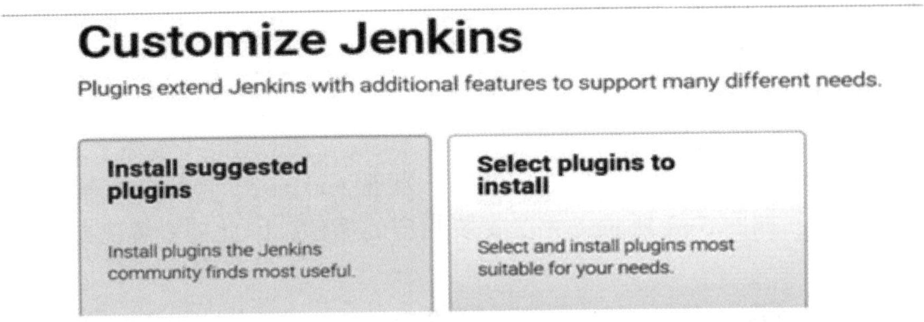

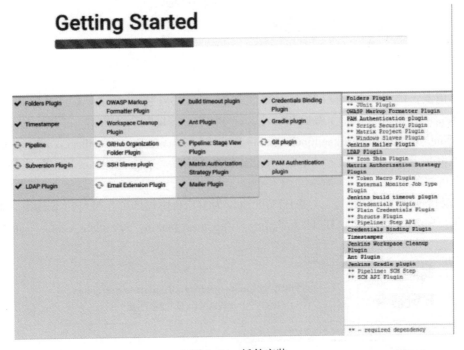

●图 5-9　选择安装方式

选择安装建议的插件。接下来就是安装基本的插件（由于网速与服务器原因，比较慢，要等几十分钟到几个小时），安装进度如图 5-10 所示，显示插件正在安装中。

●图 5-10　插件安装

插件安装完成之后，就进入下面的界面，提示要创建第一个 Admin 用户，并设置用户名和密码，创建方式如图 5-11 所示。

5. Jenkins 配置

查看 Jenkins 的配置文件，定义了 home、JAVA_CMD、user、port 等基础配置，保持默认即可。

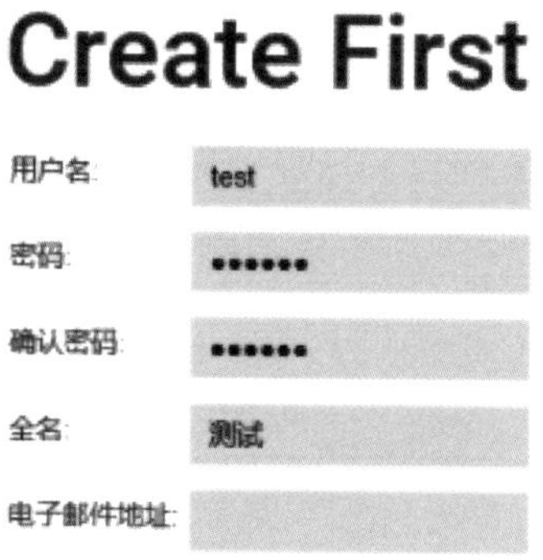

Create First Admin User

用户名:	test
密码:	••••••
确认密码:	••••••
全名:	测试
电子邮件地址:	

● 图 5-11　创建用户

```
cat /etc/sysconfig/Jenkins
## Path:          Development/Jenkins
## Description:Jenkins Automation Server
## Type:          string
## Default:       "/var/lib/Jenkins"
##ServiceRestart: Jenkins
#
# Directory whereJenkins store its configuration and working
# files (checkouts, build reports, artifacts, ...).
#
JENKINS_HOME="/var/lib/Jenkins"

## Type:          string
## Default:""
##ServiceRestart: Jenkins
#
# Java executable to runJenkins
# When left empty, we'll try to find the suitable Java.
#
JENKINS_JAVA_CMD=""

## Type:          string
## Default:       "Jenkins"
##ServiceRestart: Jenkins
#
# Unix user account that runs theJenkins daemon
# Be careful when you change this, as you need to update
# permissions of $JENKINS_HOME and /var/log/Jenkins.
#
JENKINS_USER="Jenkins"

## Type:          string
## Default: "false"
##ServiceRestart: Jenkins
```

```
#
# Whether to skip potentially long-runningchown at the
# $JENKINS_HOME location. Do not enable this, "true", unless
# you know what you're doing. SeeJENKINS-23273.
#
#JENKINS_INSTALL_SKIP_CHOWN="false"


## Type: string
## Default:      "-Djava.awt.headless=true"
##ServiceRestart: Jenkins
#
# Options to pass to java when runningJenkins.
#
JENKINS_JAVA_OPTIONS="-Djava.awt.headless=true"


## Type:         integer(0:65535)
## Default:      8080
##ServiceRestart: Jenkins
#
# PortJenkins is listening on.
# Set to -1 to disable
#
JENKINS_PORT="8080"


## Type:         string
## Default:""
##ServiceRestart: Jenkins
#
# IP addressJenkins listens on for HTTP requests.
# Default is all interfaces (0.0.0.0).
#
JENKINS_LISTEN_ADDRESS=""


## Type:         integer(0:65535)
## Default:""
##ServiceRestart: Jenkins
#
# HTTPS portJenkins is listening on.
# Default is disabled.
#
JENKINS_HTTPS_PORT=""


## Type:         string
## Default:""
##ServiceRestart: Jenkins
#
```

```
# Path to thekeystore in JKS format (as created by the JDK 'keytool').
# Default is disabled.
#
JENKINS_HTTPS_KEYSTORE=""


## Type:         string
## Default:""
##ServiceRestart: Jenkins
#
# Password to access thekeystore defined in JENKINS_HTTPS_KEYSTORE.
# Default is disabled.
#
JENKINS_HTTPS_KEYSTORE_PASSWORD=""


## Type:         string
## Default:""
##ServiceRestart: Jenkins
#
# IP addressJenkins listens on for HTTPS requests.
# Default is disabled.
#
JENKINS_HTTPS_LISTEN_ADDRESS=""


## Type:         integer(1:9)
## Default:      5
##ServiceRestart: Jenkins
#
# Debug level for logs -- the higher the value, the more verbose.
# 5 is INFO.
#
JENKINS_DEBUG_LEVEL="5"


## Type:yesno
## Default:      no
##ServiceRestart: Jenkins
#
# Whether to enable access logging or not.
#
JENKINS_ENABLE_ACCESS_LOG="no"


## Type:         integer
## Default:      100
##ServiceRestart: Jenkins
#
```

```
# Maximum number of HTTP worker threads.
#
JENKINS_HANDLER_MAX = "100"


## Type:        integer
## Default:     20
##ServiceRestart: Jenkins
#
# Maximum number of idle HTTP worker threads.
#
JENKINS_HANDLER_IDLE = "20"


## Type:         string
## Default:""
##ServiceRestart: Jenkins
#
# Pass arbitrary arguments toJenkins.
# Full option list: java -jarJenkins.war --help
#
JENKINS_ARGS = ""
```

Jenkins 相关的插件安装，使用 Jenkins 自带的 JOK 插件和 Git 插件即可，Maven 插件需要定义安装方式。

- 官网地址：http://maven.apache.org/download.cgi。
- 下载地址：apache-maven-3.3.9-bin.tar.gz。
- 配置环境变量：vim /etc/profile。

```
export M2_HOME = /data/apache-maven-3.3.3
export M2 = $ M2_HOME/bin
export PATH = $ M2 : $ PATH
```

Jenkins 的 Maven 配置环境如图 5-12 所示。

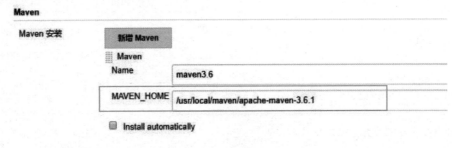

●图 5-12　配置 maven

6. 插件安装

Jenkins 还需要一些自定义插件，安装插件的方式如图 5-13 所示。

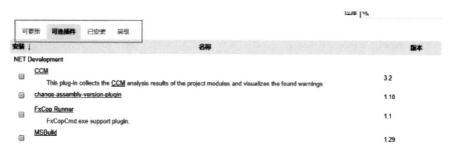

●图 5-13　可选插件

- Maven Integration plugin，安装此插件才能构建 Maven 项目，安装插件如图 5-14 所示。

Maven Integration plugin

This plug-in provides, for better and for worse, a deep
integration of Jenkins and Maven: Automatic triggers
between projects depending on SNAPSHOTs, automated

3.2

●图 5-14　Maven Integration plugin

- Deploy to container Plugin，安装此插件，才能将打好的包部署到 Tomcat 上，安装插件如图 5-15 所示。

Deploy to container Plugin

☑　This plugin allows you to deploy a war to a container after a successful build.

●图 5-15　Deploy to container

7. Kubernetes 安装方式

NFS 安装的方式：Jenkins 需要存储一些池化的数据，因此需要先安装网络存储数据卷。

1）Pod 存储，使用简单的网络的存储，就算 Pod 崩溃，数据也不会受到影响。

2）新增一台主机，用来安装 nfs-service。

- 使用 yum 方式部署。

```
yum install nfs-utils -y
```

- 使用如下命令创建共享目录。

```
mkdir /data/volumes -p-
```

- 使用如下命令编辑共享配置文件。

```
vim /etc/exports
```

- 文件中的内容如下所示。

```
/data/volumes 10.0.54.0/16(rw,no_root_squash)
```

- 使用如下命令开启 NFS 服务。

```
systemctl start nfs
```

- 在 Node 节点使用如下命令安装 NFS 客户端工具。

```
yum installnfs-utils -y
vim /etc/hosts
```

- 在 hosts 文件中添加如下内容。

```
10.0.54.22nfs
```

- Node 上使用如下命令测试 NFS 服务是否挂载成功。

```
mount -tnfs nfs:/data/volumes /mnt
```

- 使用如下命令卸载刚才的挂载

```
umount /mnt
```

Jenkins 部署：使用 Kubernetes 的部署的方式，部署脚本如图 5-16 所示。

```
apiVersion: v1
kind: ServiceAccount
metadata:
  name: nfs-client-provisioner
---
kind: Deployment
apiVersion: extensions/v1beta1
metadata:
  name: nfs-client-provisioner
spec:
  replicas: 1
  strategy:
    type: Recreate
  template:
    metadata:
      labels:
        app: nfs-client-provisioner
    spec:
      serviceAccountName: nfs-client-provisioner
      containers:
        - name: nfs-client-provisioner
          image: lizhenliang/nfs-client-provisioner:latest
          volumeMounts:
            - name: nfs-client-root
              mountPath: /persistentvolumes
          env:
            - name: PROVISIONER_NAME
              value: fuseim.pri/ifs
            - name: NFS_SERVER
              value: 10.0.54.22
            - name: NFS_PATH
              value: /data/volumes
      volumes:
        - name: nfs-client-root
          nfs:
            server: 10.0.54.22
            path: /data/volumes
```

●图 5-16　Kubernetes 部署脚本

建立好 Jenkins 的部署脚本文件后，就可以使用 Kubernetes 指令的方式进行部署了，部署的指令如下所示。

```
* 配置 Jenkins 的 PV 供给
  * /root/Jenkins/nfs-client
  * kubectl create -f .
  * kubectl get pod
* Jenkins 安装
  * /root/Jenkins/Jenkins
  * kubectl create -f rbac.yml
  * kubectl create -f service.yml
  * kubectl create -f statefulset.yml      安装前先配置好 Jenkins 磁盘大小
  * kubectl get pod
```

使用 Kubernetes 部署完毕后，可以使用 kubrernetes logs 指令查看 Jenkins 密码：kubectl logs Jenkins-0，查看结果如图 5-17 所示。

```
*******************************************************************
*******************************************************************
*******************************************************************

Jenkins initial setup is required. An admin user has been created and a password generated.
Please use the following password to proceed to installation:

3f61f6a249ce48c1b1378ab67a74eba7  ←

This may also be found at: /var/jenkins_home/secrets/initialAdminPassword

*******************************************************************
*******************************************************************
*******************************************************************
```

●图 5-17　Jenkins 密码

Jenkins 连接成功 Kubernetes 后，需要安装 Kubernetes 相关插件，安装方式如图 5-18 所示。

●图 5-18　Kubernetes 配置

Harbor 连接，Jenkins 连接 Kubernetes 完毕后，还需要关联私有镜像仓库，这里使用的 Harbor 私有镜像仓库，配置方式如下。

3) Harbor 端配置，IP 地址设置为 Harbor 地址。

```
vim /etc/docker/daemon.json
{
```

```
"registry-mirrors": ["https://fvn7v6mj.mirror.aliyuncs.com"],
"insecure-registries": ["10.0.54.8"]
}
```

- 访问端，IP 地址设置为 Harbor 本机地址。

```
find / -name docker.service -type f
vim /usr/lib/systemd/system/docker.service
#ExecStart=/usr/bin/dockerd -H unix://
ExecStart=/usr/bin/dockerd --insecure-registry=10.0.54.8
```

4）服务重启。

```
systemctl daemon-reload
```

5）访问端测试。

```
docker login 10.0.54.8
```

5.4.3　Jenkins 构建

单击"新建"按钮，出现如图 5-19 所示的新建一个项目，名字任意起，选择"构建一个 maven 项目"选项，测试一下 Jenkins 是否可以对 Git 中的项目构建成功。

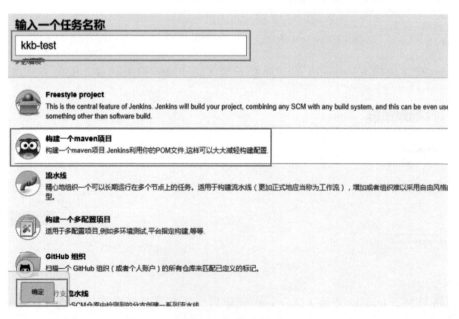

● 图 5-19　新建项目

在构建 Git 地址配置的位置只需要填写 Git 项目地址即可，如图 5-20 所示，还需要注意的是如果有认证 Credentials 信息，必须要填写，同时选择需要拉取代码的分支。

●图 5-20　git 仓库地址

根据这里构建的方式发现项目是可以构建成功的，如图 5-21 所示，但是需要注意的是第一次构建时所花费的时间稍微有些长，下载依赖仓库的包需要花费一些时间。

```
[INFO] Reactor Summary for supergo-parent 1.0-SNAPSHOT:
[INFO]
[INFO] supergo-parent ................................... SUCCESS [  2.125 s]
[INFO] supergo-common ................................... SUCCESS [  8.197 s]
[INFO] supergo-pojo ..................................... SUCCESS [  3.255 s]
[INFO] supergo-mapper ................................... SUCCESS [  1.536 s]
[INFO] supergo-manager .................................. SUCCESS [  0.074 s]
[INFO] supergo-manager-feign ............................ SUCCESS [  2.311 s]
[INFO] supergo-manager-web .............................. SUCCESS [  7.926 s]
[INFO] supergo-eureka ................................... SUCCESS [  3.055 s]
[INFO] supergo-monitor .................................. SUCCESS [  1.589 s]
[INFO] supergo-auth ..................................... SUCCESS [  2.257 s]
[INFO] supergo-zuul ..................................... SUCCESS [ 10.296 s]
[INFO] supergo-base-service ............................. SUCCESS [  3.377 s]
[INFO] supergo-manager-service .......................... SUCCESS [ 38.110 s]
[INFO] supergo-search ................................... SUCCESS [  0.065 s]
[INFO] supergo-search-feign ............................. SUCCESS [  3.333 s]
[INFO] supergo-search-web ............................... SUCCESS [  3.909 s]
[INFO] supergo-search-service ........................... SUCCESS [01:22 min]
[INFO] supergo-cart ..................................... SUCCESS [  0.062 s]
[INFO] supergo-cart-feign ............................... SUCCESS [  2.113 s]
[INFO] supergo-cart-web ................................. SUCCESS [  4.347 s]
```

●图 5-21　构建成功

5.4.4　Jenkins 镜像制作

1）进入工作目录。

● cd /root/mainfests/Jenkins/Jenkins-slave。

- vim Dockerfile。

```
FROM centos:7

RUN yum install -y java-1.8.0-openjdk maven curl git libtool-ltdl-devel && \
  yum clean all && \
   rm -rf /var/cache/yum/ * && \
   mkdir -p /usr/share/Jenkins

COPY slave.jar /usr/share/Jenkins/slave.jar
COPY Jenkins-slave /usr/bin/Jenkins-slave
COPY settings.xml /etc/maven/settings.xml
RUN chmod +x /usr/bin/Jenkins-slave

ENTRYPOINT ["Jenkins-slave"]
```

- docker build -t 10.0.54.8/library/Jenkins-slave-jdk：1.8。

2）上传 Jenkins-salve 到镜像仓库。

- docker push 10.0.54.8/library/Jenkins-slave-jdk：1.8。

5.4.5　Jenkins-slave

Jenkins 单机版存在单点故障，因此为了解决单机 Jenkins 单点故障问题，可以对 Jenkins 进行升级，部署 Jenkins-slave，实现 Jenkins 高可用。

```
#拉取 Jenkins-slave 镜像,直接构建 Slave 环境
docker build -t 10.0.54.8/library/Jenkins-slave-jdk:2.4 .

#构建镜像 Dockerfile 脚本
FROM centos:7
#LABEL haiyang

RUN yum install -y java-1.8.0-openjdk-devel.x86_64  maven curl git libtool-
ltdl-devel && \
yum clean all && \
rm -rf /var/cache/yum/ * && \
mkdir -p /usr/share/Jenkins
ENV JAVA_HOME /usr/lib/jvm/java-1.8.0-openjdk-1.8.0.262.b10-0.el7_8.x86_64/
ENV JRE_HOME $ JAVA_HOME/jre
ENV PATH  $ PATH: $ JAVA_HOME/bin
ENV CLASSPATH .: $ JAVA_HOME/lib/dt.jar: $ JAVA_HOME/lib/tools.jar
COPY slave.jar /usr/share/Jenkins/slave.jar
```

```
COPYJenkins-slave /usr/bin/Jenkins-slave
COPY settings.xml /etc/maven/settings.xml
RUNchmod +x /usr/bin/Jenkins-slave
ENTRYPOINT ["Jenkins-slave"]
```

5.5 DevOps 实践

5.5.1 Jenkins 私有凭证

Jenkins 添加私有凭证,在 Jenkins→凭据→系统→全局凭据添加私钥,添加方式如图 5-22 所示。

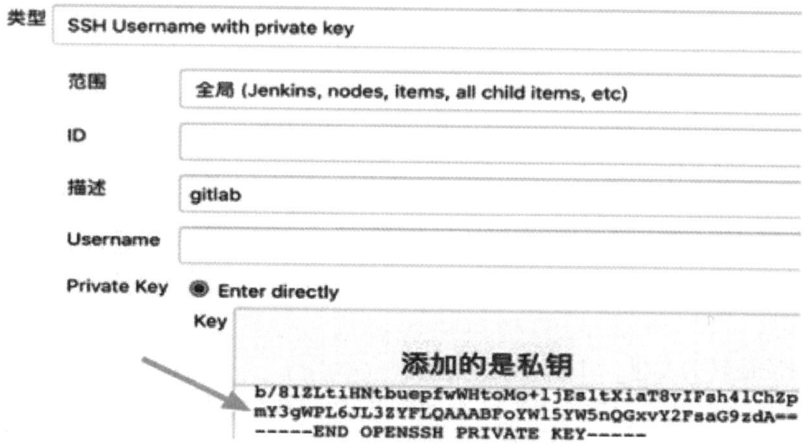

●图 5-22 添加私钥

编写 Jenkins Pipeline 脚本,测试 Jenkins 代理是否生效,Pipeline 脚本如下所示。

```
podTemplate(label:'Jenkins-slave', cloud:'Kubernetes', containers: [
    containerTemplate(
        name:'jnlp',
        image: "10.0.54.8/library/Jenkins-slave-jdk:1.8"
    ),
  ],
)
{
node ("Jenkins-slave") {
```

```
    stage('拉取代码') {
    gitcredentialsId: 'f3774951 - 6115 - 43d1 - 84da - 066629855a5c', url: 'git @
10.0.54.4:root/haiyang_test.git'
    }
  }
  }
```

5.5.2 Harbor 凭证

Jenkins 要和 Harbor 进行无缝结合，必须要进行 Harbor 相关的配置，把 Harbor 账号密码转为凭证，添加 Harbor 凭证，添加方式如图 5-23 所示。

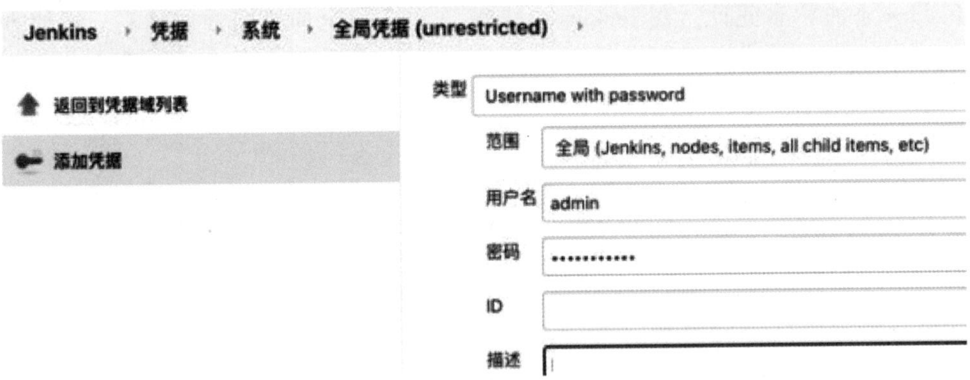

●图 5-23 Harbor 凭证

账号密码凭证转为变量，用于 Pipeline。

创建 secret_name 认证，用于 Kubernetes 部署 Pod 时拉取镜像使用。

```
kubectl create secret docker-registry registry-pull-secret --docker-username
=admin --docker-password=kuick123456 --docker-email=ithuhaiyang@163.com --
docker-server=10.0.54.8
```

5.5.3 Kubernetes 凭证

Jenkins 需要无缝结合 Kubernetes，也需要为 Kubernetes 设置相关的凭证，配置方式修改 .kube/config 文件即可：cat.kube/config，将整个 kube 文件中内容全部复制，放入 Kubernetes 私钥中，Kubernetes 凭证添加如图 5-24 所示。

范围	全局 (Jenkins, nodes, items, all child items, etc)
ID	ce7ed9e9-c88d-4af5-a5e9-dc6d4c615050
描述	k8s

Kubeconfig ● Enter directly

Content
apiVersion: v1
clusters:
- cluster:
　certificate-authority-data:
LS0tLS1CRUdJTiBDRVJUSUZJQ0FURS0tLS0tCk1JSUN5RENDQWJDZ0F3SUJBZ0lCQURBTkJna3Foa2
RHVnpNQjRYRFRJd01UQXlNVEE3TWpreU9Wb1hEVE13TVRBeE9UQTNNamt5T1Zvd0ZURVRNQkVHQTF
UVCQIFBRGdnRVBBRENDQVFvQ2dnRUJBTHZICkh4c4cU9NQjB6B6RWNEK29FMFFfjS2FIUGtEEK2NmSE5NM2
bGI2eGdGJnQlRYSng3bWpWbNbVhSQWo0c0g5dG9oeWdTTRis5NlFCNGhHHSUdsREkyYnZYSFFg5VVYxaaAp6ai9l
Z2dyaaURzM21HcDFFYFWmJoWXFYFYCII1MzNYOC83YU5rOHV2Nmo2REdEVWWBzS1lrOWROb3EyS0ZJMkpPT1
qTnRRa3a3pTb3NPcTExQW12ZIRMNUpzSkNNNcnRZbzZjZjJ1Lg5c3YzakJNb1J3J3aFBINW9hhYQpQNXZRS3N3RUV3
BZ0trTUE4R0ExVWRERZd0VCCi93U1UZNQU1CQWY4d0RRWUpLb1pJaHZjTkFRRUxCUUFFZ2dFQkFFFzBBGaBG
UnY5V09uMjNNMa0NOc2NJZByR3NkYnVJRUuWVWJJYit5WUloNmszd1NlaaG5G5zSgoxV1BoRXMEEdGT0N
MXVYSUJoTzBDDaXNXNCk0wdHYxYllFHdkhZhWXRsSWdWWOXVVVzlPWjhoN1NNGbGNqqdVwwOE96Qmd3QXh
pVbyszTXVrRHZQQN2JCZTFIVEU2dkl5eW5EbbDJTeHVMMTW1tVDZqblBHHV2pyZQpBd1JHcVlmSmtCdCdnNnOI
1ZwST0KLS0tLS1FTkQgQ0VVSGIESUNBVEUtLS0tLQo=
　　server: https://10.0.54.13:6443
　name: kubernetes
contexts:
- context:

●图 5-24　Kubernetes 凭证

5.5.4　Pipeline

（1）Pipeline 是什么？

Pipeline，即流水线，是用户定义的一个 CD 流水线模型。流水线的代码定义了整个构建过程，它通常包括构建、测试和交付应用程序的阶段。对 Jenkins 流水线的定义被写在一个文本文件中（称为 Jenkinsfile），该文件可以被提交到项目源代码的控制仓库。这是"流水线即代码"的基础；将 CD 流水线作为应用程序的一部分，像其他代码一样进行版本化和审查。创建 Jenkinsfile 并提交到源代码控制中带来了一些即时的好处。

- 自动地为所有分支创建流水线构建过程并拉取请求。
- 在流水线上代码复查/迭代（以及剩余的源代码）。
- 对流水线进行审计跟踪。
- 该流水线的真正的源代码可以被项目的多个成员查看和编辑。

Pipeline 的几个基本概念的理解。

- Stage：阶段，一个 Pipeline 可以划分为若干个 Stage，每个 Stage 代表一组操作。注意，Stage 是一个逻辑分组的概念，可以跨多个 Node。
- Node：构建服务器节点，一个 Node 就是一个 Jenkins 节点，或者是 Master，或者是 Agent，是执行 Step 的具体运行期环境。
- Step：步骤，Step 是最基本的操作单元，小到创建一个目录，大到构建一个 Docker 镜像，由各类 Jenkins Plugin 提供。

（2）Jenkinsfile

Jenkinsfile 能使用两种语法进行编写：Declarative Pipeline 声明式和 Scripted Pipeline 脚本化，两者都支持建立连续输送的 Pipeline。这两种语法对比如下。

共同点：两者都是 Pipeline 代码的持久实现，都能够使用 Pipeline 内置的插件或者插件提供的 Steps，两者都可以利用共享库扩展。

区别：两者不同之处在于语法和灵活性。声明式流水线对用户来说，语法更严格，有固定的组织结构，更容易生成代码段，使其成为用户更理想的选择。但是脚本化流水线更加灵活，因为 Groovy 本身只能对结构和语法进行限制，对于更复杂的 Pipeline 来说，用户可以根据自己的业务进行灵活的实现和扩展。

建议选择哪种语法？通常建议使用声明式流水线的方式进行编写，从 Jenkins 社区的动向来看，很明显这种语法结构也会是未来的趋势。声明式流水线的方式是 Jenkins 流水线其他的一些特性：相比脚本化流水线语法，它提供更丰富的语法特性；编写和读取流水线代码更容易。

声明式流水线基本语法和表达式遵循 groovy 语法，但是有以下例外。

例外 1：声明式流水线必须包含在固定格式的 pipeline{} 块内，举例如下。

```
pipeline {
 /* insert Declarative Pipeline here */
}
```

例外 2：每个声明语句必须独立一行，行尾无须使用分号。

例外 3：块只能由阶段（stages{}）、指令、步骤（steps{}）或赋值语句组成。

例外 4：属性引用语句被视为无参数方法调用，如 input()。

Pipeline 语法结构由以下几个模块组成。

- 块（Blocks）：由大括号括起来的语句：如 pipeline{}、parameters{}、script{}。
- 章节（Sections）：通常包括一个或者多个指令或步骤 如 agent、post、stages、steps。
  - 指令（Directives）：如 environment, options, parameters, triggers, stage, tools, when。

步骤（Steps）：执行 Scripted pipeline，如 script{}。

详细语法参见官方文档：https://www.Jenkins.io/zh/doc/book/pipeline/syntax/#declarative-directives。

（3）Pipeline 语法示例

Pipeline 是声明式流水线的一种特定语法，它定义了包含执行整个流水线的所有内容和指令的"block"。

- agent 是声明式流水线的一种特定语法，指示 Jenkins 为整个流水线分配一个执行器（在 Jenkins 环境中的任何可用代理/节点上）和工作区。一般用作于指定在哪个节点上构建，如果不指定就写 any 表示任意节点。

定义 "Build"、"Test"、"Deploy" 三个阶段，每个阶段内部执行不同的步骤。

- stage 是一个描述 stage of this Pipeline 的语法块。stage 块定义了在整个流水线的执行任务中不同概念的子集（比如 "Build"、"Test" 和 "Deploy" 阶段），它被许多插件用于可视化或 Jenkins 流水线目前的状态/进展，stage 块是可选的。
- steps 是声明式流水线的一种特定语法，它描述了在这个 stage 中要运行的步骤。
- sh 是一个执行给定的 shell 命令的流水线。
- echo 写一个简单的字符串到控制台输出。

● junit 是另一个聚合测试报告的流水线。

```
//Jenkinsfile (Declarative Pipeline)
          pipeline {
           agent any
           stages {
            stage('Build') {
              steps {
                sh 'make'
                echo "Hello!!"
               script {
                def browsers = ['chrome', 'firefox']
                for (int i = 0; i < browsers.size(); ++i) {
                 echo "Testing the ${browsers[i]} browser"
                } }
              }
            }
            stage('Test'){
             steps {
              sh 'make check'
              junit 'reports/**/*.xml'
             }
            }
            stage('Deploy') {
             steps {
               sh 'make publish'
             }
            }
           }
          }
```

注意 stage 括号的值表示阶段名称，值内容不是固定的，根据需要自定义即可。

5.5.5 发布到 Kubernetes

（1）Dockerfile 构建镜像文件

根据自己项目的语言环境，编写自己的 Dockerfile 文件，构建镜像时，必须使用 Dockerfile 相关的配置，因此需要编写好这个文件。

```
FROM 10.0.54.8/library/alpine-oraclejdk8:1.0


# Updateapk mirror
RUN cp /etc/apk/repositories /etc/apk/repositories.bak
```

```
RUN sed -i 's/dl-cdn.alpinelinux.org/mirrors.aliyun.com/g' /etc/apk/repositories

# Install tools  #RUNapk update && apk add curl

# Project path
RUN mkdir -p /kuick/servers
ENV PROJECT_PATH /kuick/servers/
VOLUME /tmp

#将编译好的 jar 包传到 Docker 镜像的项目工作目录
COPY ./build/libs/*.jar $PROJECT_PATH
COPY run.sh   $PROJECT_PATH
RUN ls   $PROJECT_PATH
WORKDIR $PROJECT_PATH



EXPOSE 8080
ENV JAVA_OPTS="-Duser.timezone=GMT+8 -Xms512m -Xmx2048m"
# CMD ["sleep","3600"]调试 Docker 镜像
CMD ["./run.sh"]
```

（2）Jenkinsfile

Jenkins 集成 Docker、Kubernetes，构建一套流水线的生产模式，把应用打包为镜像，直接把镜像推送到服务器进行自动化构建，这个构建过程非常快速，大大节省了开发调度部署的时间，那么 Jenkins 的 Pipeline 脚本如何实现呢？

```
//Harbor 镜像仓库地址
def registry = "10.0.54.8"

//上传到 Harbor 项目名称,Jenkins 每次构建版本名称
def project = "baiwan"
def app_name = "haiyang_gradle_test"
def image_name = "${registry}/${project}/${app_name}:${BUILD_NUMBER}"

//Git 地址换成自己的仓库地址
def git_address = "git@10.0.54.4:root/spring-cloud-config-server.git"
def k8s_auth = "ce7ed9e9-c88d-4af5-a5e9-dc6d4c615050"

//认证-账号脱敏
def secret_name = "registry-pull-secret"
def docker_registry_auth = "b51ba954-a17b-40a5-8c2b-df297d7dc60f"
def git_auth = "f3774951-6115-43d1-84da-066629855a5c"
```

```
//Pipeline 中 Jenkins-slave 配置
podTemplate(label:'Jenkins-slave', cloud:'Kubernetes', containers:[
    containerTemplate(
        name:'jnlp',
        image:"${registry}/library/Jenkins-slave-jdk:2.4"
    ),
  ],
  volumes:[
    hostPathVolume(mountPath:'/var/run/docker.sock', hostPath:'/var/run/
docker.sock'),
    hostPathVolume(mountPath:'/usr/bin/docker', hostPath:'/usr/bin/docker')
  ],
)

{
  node("Jenkins-slave"){
      //第一步,拉取自己的项目代码到本地
      stage('拉取代码'){
          checkout([$class:'GitSCM', branches:[[name:'${Branch}']], userRemote-
Configs:[[credentialsId:"${git_auth}", url:"${git_address}"]]])
      }
      //第二步进行编译,编译完成 copy 到自己的镜像中
      stage('代码编译'){
          sh "java -version"
          sh "./gradlew clean build"
          sh "pwd"
          sh "ls build/libs/"
      }
      //第三步,构建自己的 Docker 镜像,Dockerfile 是在自己的代码仓库中,以拉取到本地,直
接 docker build 即可
      stage('构建镜像'){
          withCredentials([usernamePassword(credentialsId:"${docker_registry
_auth}", passwordVariable:'password', usernameVariable:'username')]) {
          sh"""
            ls
            docker build -t ${image_name} .
            docker login -u ${username} -p '${password}' ${registry}
            docker push ${image_name}
"""
          }
      }
      //第四步,将打包好的镜像发布到 Kubernetes 中,Deploy.yml 也是在代码仓库,yml 文件
需要根据需求自己去定义,不是通配的
```

```
stage('部署到 Kubernetes 平台完成'){
    sh"""
    sed -i 's#\ $ IMAGE_NAME#$ {image_name}#' Deploy.yml
    sed -i 's#\ $ SECRET_NAME#$ {secret_name}#' Deploy.yml
    """
    KubernetesDeploy configs:'Deploy.yml', kubeconfigId: "$ {k8s_auth}"
    }
  }
}
```

（3）run. sh 定义运行脚本

此脚本仅仅是一个启动项目的脚本，Jenkinsfile 中构建项目的流水线引用的就是此脚本，只不过采用分离的方式进行部署执行。

```
#!/usr/bin/env sh
# -*- encoding UTF-8 -*-
# Author:ithubin


# Main bootRun
java $JAVA_OPTS -jar $PROJECT_PATH*.jar
```

（4）deploy. yaml 发布服务脚本

Jenkins 集成 Kubernetes 进行部署时，必不可少的需要用到 Kubernetes 服务部署配套的相关配置文件，比如 Deployment、Service、Ingress、HPA、ConfigMap 等，下面就是 Jenkinsfile 集成 Kubernetes 部署服务需要的 Kubernetes 配置。

```
apiVersion: apps/v1
kind: Deployment
metadata:
  annotations:
    deployment.Kubernetes.io/revision: "11"
  generation: 13
  labels:
    app: spring-cloud-config-server
    chart: spring-cloud-config-server-2.0.0-0b06bf
    env: pro
    heritage: Helm
    language: java
    namespace: default
    release: springcloudconfigserver
    serviceKind: backend
  name: springcloudconfigserver
  namespace: default
  #resourceVersion: "220661382"
```

```
  selfLink: /apis/apps/v1/namespaces/default/deployments/springcloudcon-
figserver
  #uid: 59594331-8f67-11ea-92bd-00163e2e8090
spec:
  progressDeadlineSeconds: 600
  replicas: 1
  revisionHistoryLimit: 10
  selector:
    matchLabels:
      app: spring-cloud-config-server
      release: springcloudconfigserver
  strategy:
    rollingUpdate:
      maxSurge: 25%
      maxUnavailable: 25%
    type:RollingUpdate
  template:
    metadata:
      labels:
        app: spring-cloud-config-server
        release: springcloudconfigserver
    spec:
      containers:
      -env:
        - name: SENTRY_SERVERNAME
          value: spring-cloud-config-server
        - name:aliyun_logs_springcloudconfigserver-stdout
          value: stdout
        - name:aliyun_logs_springcloudconfigserver_ttl
          value: "15"
        image: $ IMAGE_NAME
        imagePullPolicy: Always
        livenessProbe:
          failureThreshold: 3
          httpGet:
            path: /manage/health
            port: 8081
            scheme: HTTP
          initialDelaySeconds: 30
          periodSeconds: 10
          successThreshold: 1
          timeoutSeconds: 5
```

```yaml
      name: spring-cloud-config-server
      readinessProbe:
        failureThreshold: 3
        httpGet:
          path: /manage/health
          port: 8081
          scheme: HTTP
        initialDelaySeconds: 40
        periodSeconds: 10
        successThreshold: 1
        timeoutSeconds: 5
      resources:
        limits:
          cpu: "1"
          memory: 4Gi
        requests:
          cpu: 500m
          memory: 1Gi
      terminationMessagePath: /dev/termination-log
      terminationMessagePolicy: File
    dnsPolicy: ClusterFirst
    imagePullSecrets:
    - name: $SECRET_NAME
    restartPolicy: Always
    schedulerName: default-scheduler
    securityContext: {}
    terminationGracePeriodSeconds: 30

---
apiVersion: v1
kind: Service
metadata:
  labels:
    app: spring-cloud-config-server
    chart: spring-cloud-config-server-2.0.0-0b06bf
    heritage: Helm
    release: springcloudconfigserver
  name: springcloudconfigserver
  selfLink: /api/v1/namespaces/kuick-prod/services/springcloudconfigserver
spec:
  clusterIP: 10.106.61.115
  ports:
```

```
- name: spring-cloud-config-server
  port: 80
  protocol: TCP
  targetPort: 8080
selector:
  app: spring-cloud-config-server
  release: springcloudconfigserver
sessionAffinity: None
type:ClusterIP
```

5.6　本章小结

　　本章中对如何构建 Jenkins、Docker、Kubernetes 无缝衔接的流水线生产模式的方法进行了落地，讲解了 Jenkins 如何构建镜像，如何使用 Pipeline 的方式实现流水线的生产模式，实现高效地项目开发及部署。本章内容要点如下。

- 持续集成及持续部署的基本概念，重点阐述了在企业生产环节，持续集成、持续部署的方式对企业生产的意义及实现的方法。
- DevOps 的基本认知，介绍了 DevOps 在企业中是如何实现的，什么是 DevOps。
- DevOps 工具链，在 DevOps 实践过程需要使用不同的工具集。因此对这些工具集做一个介绍是有必要的，本章介绍了在 DevOps 实践过程中，需要使用哪些必要的工具，以及这些工具的作用。
- Jenkins 实践，在 DevOps 实践中重要的一个环节就是 Jenkins 的使用，本章从 0 开始带领读者部署 Jenkins，然后使用 Jenkins 来进行服务的部署，同时 Jenkins 集群的使用也有涉及。
- DevOps 实践，重点讲解了 Jenkins 集成 Docker、Kubernetes，构建一套流水线的生产模式，把应用打包为镜像，直接自动化地把镜像推送到服务器进行自动化构建，实现企业级 Pipeline 的生产模式。

第 **6** 章

基于 **Kubernetes** 的线上运维实战

　　Kubernetes 在生产环境上的应用过程中，需要关注其中运行的资源对象的健康情况，并在某些资源出现问题时，能够及时通知相关人员。

　　本章将围绕线上运维相关的重要技术来展开，包括如下内容。

- 线上如何根据应用的资源使用情况来进行 Pod 的扩容与缩容。
- Kubernetes 集群中管理着很多的资源，如何使用可视化工具进行监控。
- 集群中的各种应用的日志如何聚集起来，便于查询，以解决线上的问题。
- 监控集群的运行情况，如何根据定制的运行参数（如 CPU、内存）指标进行报警？

6.1　水平自动伸缩 HPA

6.1.1　为什么用 HPA

　　Kubernetes 集群可以使用 scale 命令进行 Pod 中副本的扩容与缩容，但是这对管理人员提出了很高的要求，管理人员需要经常关注集群中的运行情况，从而手动的进行扩容与缩容。Kubernetes 集群中提供的 Pod 水平自动扩缩（Horizontal Pod Autoscaler，HPA），也成为 Pod 自动扩缩容技术，用来解决这个问题。

　　HPA 技术可以基于 CPU 利用率自动扩缩 ReplicationController、Deployment、ReplicaSet 和 StatefulSet 中的 Pod 数量。除了 CPU 利用率，也可以基于其他自定义度量指标来执行自动扩缩容。通过这种自动扩缩容技术，管理员不用频繁关注这些指标，提高了项目的开发效率。

6.1.2　什么是 HPA

　　HPA 的特性由 Kubernetes API 资源和控制器实现，资源决定了控制器的行为，控制器会周期性地调整副本控制器或 Deployment 中的副本数量，以使得 Pod 的平均 CPU 利用率与用户所设定的目标值匹配。

　　HPA 的实现是一个控制回路，由控制器管理器的 $--horizontal-pod-autoscaler-sync-period$ 参数指定周期（默认值为 15 s）。每个周期内，控制器管理器根据每个 HorizontalPodAutoscaler 定义中指定的指标查询资源利用率。控制器管理器可以从资源度量指标 API（按 Pod 统计的资源用量）和自定义度量指标 API（其他指标）获取度量值。

　　与其他 API 资源类似，kubectl 以标准方式支持 HPA。可以使用如下命令来操作 HPA。

- 通过 kubectl create 命令创建一个 HPA 对象。
- 通过 kubectl get hpa 命令来获取所有 HPA 对象。
- 通过 kubectl describe hpa 命令来查看 HPA 对象的详细信息。
- 通过 kubectl delete hpa 命令删除对象。

　　此外，还有个简便的命令 kubectl autoscale 来创建 HPA 对象。例如，命令 kubectl autoscale deployment foo --min＝2 --max＝5 --cpu-percent＝80 将会为名 为 foo 的 Deployment 创建一个 HPA 对象，目标 CPU 使用率为 80%，副本数量配置为 2~5 之间。除了使用 kubectl autoscale 命令，也可以 yaml 格式文件声明式地创建 HPA。

6.1.3　基于 CPU 的 HPA 实践

本案例将演示给一个 Deployment 配置和使用基于 CPU 的 HPA，并演示其效果。

为演示本案例，Metrics 服务器需要被部署到 Kubernetes 集群中，以便通过 Metrics API 提供度量数据。HPA 根据此 API 来获取度量数据。要了解如何部署 metrics-server，请参考本书 3.1 节。

1）创建一个 yaml 文件，来定义一个 Nginx 的 Service 与 Nginx 的 Deployment，其中副本数目为 1，且对于资源的要求为 200 m，最多为 500 m，CPU 是按照核来统计的，一核为 1000 m。

```yaml
apiVersion: v1
kind: Service
metadata:
  name:nginx-service
spec:
  ports:
    - port: 80
      protocol: TCP
      targetPort: 80
  selector:
    app:nginx            # 定义此 Service 关联的 Pod 对应的标签
  type:ClusterIP         # 此 Service 类型为 ClusterIP


---
apiVersion: apps/v1
kind: Deployment
metadata:
  name:nginx-deployment
spec:
  selector:
    matchLabels:         # 定义 Deployment 关联的 Pod 的标签
      app:nginx
  replicas: 1            # 告诉 Deployment 运行的 Pod 实例数目
  template:              # Pod 的模板
    metadata:
      labels:
        app:nginx        # Pod 的标签
    spec:
```

```
containers:
- name:nginx
  image:nginx:1.14.2
  ports:
  - containerPort: 80
  resources:
    limits:
      cpu: 500m
    requests:
      cpu: 200m
```

2）使用命令 kubectl apply -f 1-service. yaml 应用这个文件到 Kubernetes 集群中，并等待其中的 Pod 创建成功，如图 6-1 所示。

```
[root@kubernetes-master01 hpa]# kubectl get pod -l app=nginx
NAME                                  READY   STATUS    RESTARTS   AGE
nginx-deployment-759cd854d4-zssbh     1/1     Running   0          70s
```

●图 6-1　查看 Pod 运行情况

3）给这个 Deployment nginx-deployment 添加 HPA，应用如下 yaml 文件到 Kubernetes 集群中。

```
apiVersion: autoscaling/v2beta2
kind: HorizontalPodAutoscaler
metadata:
  name:nginx-hpa
spec:
  scaleTargetRef:
    apiVersion: apps/v1
    kind: Deployment
    name:nginx-deployment
  minReplicas: 1
  maxReplicas: 10
  metrics:
  - type: Resource
    resource:
      name: cpu
      target:
        type: Utilization
        averageUtilization: 10
```

如图 6-2 所示，HPA 创建成功。

查看 HPA 的详细信息，如图 6-3 所示，其中展示的这个 HPA 可以看出有若干状态条件 Conditions 处于健康状态，这三个 Type 的意义如下。

```
[root@kubernetes-master01 hpa]# kubectl get hpa
NAME          REFERENCE                   TARGETS    MINPODS    MAXPODS    REPLICAS    AGE
nginx-hpa     Deployment/nginx-deployment 0%/10%     1          10         1           74s
```

●图 6-2　查看 HPA 创建情况

- AbleToScale 表明 HPA 是否可以获取和更新扩缩信息,以及是否存在阻止扩缩的各种回退条件。
- ScalingActive 表明 HPA 是否被启用(即目标的副本数量不为零),以及是否能够完成扩缩计算。当这一状态为 False 时,通常表明获取度量指标存在问题。
- ScalingLimitted 表明所需扩缩的值被 HorizontalPodAutoscaler 所定义的最大或者最小值所限制(即已经达到最大或者最小扩缩值)。这通常表明可能需要调整 HorizontalPodAutoscaler 所定义的最大或者最小副本数量的限制了。

```
[root@kubernetes-master01 hpa]# kubectl describe hpa nginx-hpa
Name:                                                      nginx-hpa
Namespace:                                                 default
Labels:                                                    <none>
Annotations:                                               CreationTimestamp:  Tue, 23 Mar 2021
17:11:52 +0800
Reference:                                                 Deployment/nginx-deployment
Metrics:                                                   ( current / target )
  resource cpu on pods  (as a percentage of request):     0% (0) / 10%
Min replicas:                                              1
Max replicas:                                              10
Deployment pods:                                           1 current / 1 desired
Conditions:
  Type            Status    Reason              Message
  ----            ------    ------              -------
  AbleToScale     True      ScaleDownStabilized recent recommendations were higher than current
one, applying the highest recent recommendation
  ScalingActive   True      ValidMetricFound    the HPA was able to successfully calculate a
replica count from cpu resource utilization (percentage of request)
  ScalingLimited  False     DesiredWithinRange  the desired count is within the acceptable range
Events:           <none>
```

●图 6-3　查看 HPA 详细信息

4)通过 Service 的 Cluster IP 给这个 Service 增加访问,执行以下命令。

```
while true; do curl 10.104.200.112; done;
```

在另一个窗口查看 HPA 的情况,如图 6-4 所示,因为 CPU 使用率变为 27%,正好是设置的 HPA 中的 10% 的向上取整的 3 倍,所以 Pod 变为了 3 个。查看 3 个 Pod 内部 CPU 的

```
[root@kubernetes-master01 ~]# kubectl get hpa -w
NAME          REFERENCE                   TARGETS    MINPODS    MAXPODS    REPLICAS    AGE
nginx-hpa     Deployment/nginx-deployment 0%/10%     1          10         1           20m
nginx-hpa     Deployment/nginx-deployment 27%/10%    1          10         1           21m
nginx-hpa     Deployment/nginx-deployment 27%/10%    1          10         3           21m
nginx-hpa     Deployment/nginx-deployment 9%/10%     1          10         3           22m
nginx-hpa     Deployment/nginx-deployment 9%/10%     1          10         3           23m
nginx-hpa     Deployment/nginx-deployment 9%/10%     1          10         3           24m
```

●图 6-4　查看 HPA 的资源占用情况

使用量，如图 6-5 所示，都为 19 m，是当时 Pod 定义时参数 requests 申请的 200 m 的十分之一，与 Target 持平，所以 Pod 数目保持 3 不变。每一时刻 HPA 扩缩容的公式为：期望副本数 = ceil[当前副本数 * (当前指标/期望指标)]。

```
[root@kubernetes-master01 ~]# kubectl top pod
NAME                                  CPU(cores)   MEMORY(bytes)
nginx-deployment-759cd854d4-dls6z     19m          1Mi
nginx-deployment-759cd854d4-qc4ps     19m          1Mi
nginx-deployment-759cd854d4-zssbh     19m          1Mi
```

●图 6-5 查看 Pod 的资源运行情况

此时，查看对应的 Pod 的数目，如图 6-6 所示，已经增长为 3 个，因为 27%/10% 向上取整是 3。

```
[root@kubernetes-master01 ~]# kubectl get pod -l app=nginx
NAME                                  READY   STATUS    RESTARTS   AGE
nginx-deployment-759cd854d4-dls6z     1/1     Running   0          2m3s
nginx-deployment-759cd854d4-qc4ps     1/1     Running   0          2m3s
nginx-deployment-759cd854d4-zssbh     1/1     Running   0          39m
```

●图 6-6 查看 Pod 的数目

此时，停止加压的 while 程序，观察变化，如图 6-7 所示，最终恢复成了一个 Pod。

```
[root@kubernetes-master01 ~]# kubectl get hpa -w
NAME        REFERENCE                        TARGETS   MINPODS   MAXPODS   REPLICAS   AGE
nginx-hpa   Deployment/nginx-deployment      9%/10%    1         10        3          37m
nginx-hpa   Deployment/nginx-deployment      6%/10%    1         10        3          38m
nginx-hpa   Deployment/nginx-deployment      0%/10%    1         10        3          39m
nginx-hpa   Deployment/nginx-deployment      0%/10%    1         10        2          43m
nginx-hpa   Deployment/nginx-deployment      0%/10%    1         10        2          44m
nginx-hpa   Deployment/nginx-deployment      0%/10%    1         10        1          44m
```

●图 6-7 Pod 的变化情况

6.1.4 HPA 其他特性

HPA 在稳定版本（autoscaling/v1）中只支持基于 CPU 指标的扩缩。API 的 beta 版本（autoscaling/v2beta2）引入了基于内存和自定义指标的扩缩。

以下是一份既有 CPU 指标又有内存指标的 HPA 清单，当指定了多个类型的度量指标时，HPA 将会依次考量各个指标。HPA 将会计算每一个指标所提议的副本数量，然后最终选择一个最高值。

```
apiVersion: autoscaling/v2beta2
kind: HorizontalPodAutoscaler
metadata:
  name:nginx-hpa
spec:
  scaleTargetRef:
```

```
  apiVersion: apps/v1
  kind: Deployment
  name:nginx-deployment
minReplicas: 1
maxReplicas: 10
metrics:
- type: Resource
  resource:
    name: cpu
    target:
      type:AverageValue          #绝对值
      averageValue: 50
      # type: Utilization 百分率
      #averageUtilization: 50
- type: Resource
  resource :
    name: memory
    target:
      type:AverageValue
      averageValue: 20Mi
```

对于 Kubernetes 集群中的高级特性 HPA，需要 Kubernetes 版本的一些相关支持，具体如下。

- 如果需要为 HPA 指定多种资源度量指标，Kubernetes 集群及 kubectl 至少需要达到 1.6 版本。
- 如果要使用自定义度量指标，Kubernetes 集群还必须能够与提供这些自定义指标的 API 服务器通信。
- 如果要使用与 Kubernetes 对象无关的度量指标，则 Kubernetes 集群版本至少需要达到 1.10 版本，同样，需要保证集群能够与提供这些外部指标的 API 服务器通信。

那么什么是自定义的度量指标呢？除了 CPU 与内存外，还有两种其他类型的度量指标，被认为是 Custom Metrics（自定义度量指标）：即 Pod 度量指标和 Object 度量指标。这些度量指标可能具有特定于集群的名称，并且需要更高级的集群监控设置，比如 Prometheus 的支持。

6.2 可视化工具：Kubernetes 仪表盘

6.2.1 安装 Kubernetes 仪表盘

（1）安装 Kubernetes 仪表盘的相关资源

根据 Kubernetes 官网 https://github. com/Kubernetes/dashboard/releases 上的建议，选择

与 Kubernetes 版本匹配的仪表盘，如图 6-8 所示，Kubernetes 仪表盘版本中完全兼容 1.18
版本，Kubernetes 的最新版本就是 v2.03 版本。

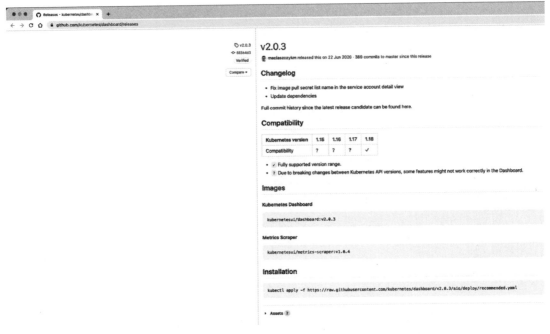

●图 6-8　查看 Kubernetes 仪表盘与 Kubernetes 兼容的情况

使用如下命令，在 Kubernetes 集群中安装 Kubernetes 仪表盘。

```
kubectl apply -f
https://raw.githubusercontent.com/kubernetes/dashboard/v2.0.3/aio/deploy/recommended.yaml
```

通过命令，查看命名空间，如图 6-9 所示，安装 Kubernetes 仪表盘后，多了一个
Kubernetes-dashboard 的命名空间。

```
[root@kubernetes-master01 hpa]# kubectl get namespace
NAME                   STATUS    AGE
default                Active    10d
kube-node-lease        Active    10d
kube-public            Active    10d
kube-system            Active    10d
kubernetes-dashboard   Active    3m13s
```

●图 6-9　查看命名空间

（2）创建相应权限的用户来访问 Kubernetes 仪表盘
1）使用命令 vim dashboard-svc-account.yaml 创建文件，其中内容如下。

```
apiVersion:v1
kind:ServiceAccount
metadata:
  name: dashboard-admin
  namespace:Kubernetes-dashboard
---
```

```
kind:ClusterRoleBinding
apiVersion: rbac.authorization.k8s.io/v1beta1
metadata:
  name: dashboard-admin
subjects:
  - kind:ServiceAccount
    name: dashboard-admin
    namespace:Kubernetes-dashboard
roleRef:
  kind:ClusterRole
  name: cluster-admin
  apiGroup: rbac.authorization.k8s.io
```

2）文件中先创建了一个命名空间 Kubernetes-dashboard 中的 ServiceAccount dashboard-admin，然后将一个已经存在的角色 cluster-admin 与前面创建的 ServiceAccount dashboard-admin 绑定起来。使用如下命令，应用这个文件 dashboard-svc-account. yaml。

```
kubectl apply -f dashboard-svc-account.yaml
```

（3）查看 Kubernetes 仪表盘的 Service 情况并向集群外暴露服务

1）如图 6-10 所示，其中的 Service 的 type 为 ClusterIP，不方便暴露服务，将其改为 NodePort 类型。

```
[root@kubernetes-master01 dashboard]# kubectl get service -n kubernetes-dashboard
NAME                          TYPE        CLUSTER-IP       EXTERNAL-IP    PORT(S)     AGE
dashboard-metrics-scraper     ClusterIP   10.108.202.79    <none>         8000/TCP    32m
kubernetes-dashboard          ClusterIP   10.110.138.232   <none>         443/TCP     32m
```

●图 6-10　查看 service Kubernetes-dashboard 的类型

2）根据如下命令，直接修改 Service Kubernetes-dashboard 的 Type 为 NodePort。

```
kubectl edit svc Kubernetes-dashboard -n Kubernetes-dashboard -o yaml
```

3）执行如下命令，如图 6-11 所示，查看目前 Service 的情况。

```
[root@kubernetes-master01 dashboard]# kubectl get service -n kubernetes-dashboard
NAME                          TYPE        CLUSTER-IP       EXTERNAL-IP    PORT(S)          AGE
dashboard-metrics-scraper     ClusterIP   10.108.202.79    <none>         8000/TCP         45m
kubernetes-dashboard          NodePort    10.110.138.232   <none>         443:32142/TCP    45m
```

●图 6-11　查看 Service Kubernetes-dashboard 的类型

（4）使用 Token 的方式来登录到 Kubernetes 仪表盘中

1）根据 Service Kubernetes-dashboard 暴露出的端口 32142 来访问 Kubernetes 仪表盘。访问地址为 Kubernetes 集群中的任何一台机器的 IP 地址+端口号，本案例中的地址为 https://192. 168. 8. 11:32142。如图 6-12 所示，选择使用 Token 的方式登录。

2）使用如下命令，在 Kubernetes 集群中查看对应的 Token，如图 6-13 所示，复制其中的 Token 字段，注意 Token 的保密性与安全性。

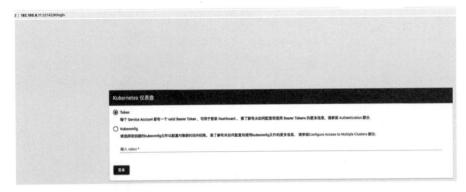

●图 6-12　Kubernetes-dashboard 的登录界面

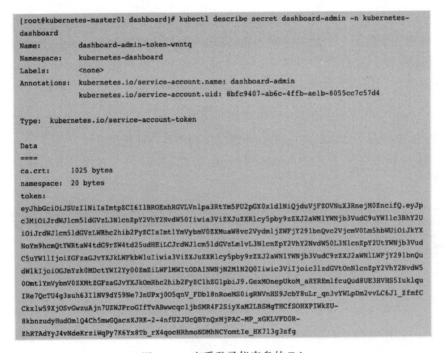

●图 6-13　查看登录仪表盘的 Token

3）将 Token 复制到 Kubernetes 仪表盘处。如图 6-14 所示，Kubernetes 仪表盘登录成功。

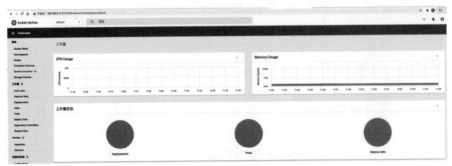

●图 6-14　仪表盘登录成功

6.2.2　Kubernetes 仪表盘之命名空间

在讲述 Kubernetes 仪表盘的具体使用之前，需要对命名空间这个概念有所了解。Kubernetes 集群里创建的资源在不指定命名空间时，属于命名空间 default。Kubernetes 集群在创建时已经有了四个命名空间，如图 6-15 所示。

```
[root@kubernetes-master01 dashboard]# kubectl get ns
NAME              STATUS    AGE
default           Active    10d
kube-node-lease   Active    10d
kube-public       Active    10d
kube-system       Active    10d
```

● 图 6-15　查看命名空间

当需要跨多个团队或者是跨项目管理资源时，可以使用命名空间分隔资源。并非所有资源都在命名空间中，大多数 Kubernetes 资源（如 Pod、Service、副本控制器等）都位于某些命名空间中。但是命名空间资源本身并不在命名空间中。而且底层资源（如节点和持久化卷）不属于任何命名空间。可以使用如下命令查看哪些 Kubernetes 资源在命名空间中，哪些不在命名空间中。

```
# 位于名字空间中的资源
kubectl api-resources --namespaced=true

# 不在名字空间中的资源
kubectl api-resources --namespaced=false
```

当访问命名空间中的资源时，需要像以下命令那样，使用 ns 参数明确指定，否则是访问 default 命名空间的资源。

```
kubectl get pod -ns kube-system
```

那么，在 Kubernetes 仪表盘中，如何指定命名空间呢，如图 6-16 所示，默认的命名空间为 default，也可以指定全部 Namespaces 的选项。

● 图 6-16　命名空间选项

资源如果隶属于命名空间的话，Kubernetes 仪表盘也做了标志，如图 6-17 所示，当资源属于命名空间时，后面会有 N 的标志，如图 6-17 中的 Service Accounts 是属于命名空间的资源，所以后面有个 N 的标志。

●图 6-17 选型中的 N 代表命名空间

6.2.3 Kubernetes 仪表盘之监控资源

Kubernetes 仪表盘可以监控集群中的资源，如图 6-18 所示的资源它都可以监控到，包括了如下的五大类资源。

- 隶属于集群的资源，包括节点的运行情况、命名空间和存储相关的 PV 与 StorageClass、与权限相关的 Service Account 和 Cluster Role。
- 与工作负载相关的资源，包括前面讲过的 Pod、Deployment、Replication Controller 等。
- 服务暴露相关的 Service 与 Ingress。
- 配置与存储相关的 ConfigMap、PVC，以及 Secret。
- 自定义资源，当扩展 Kubernetes 集群添加一些自研的资源时，会在这里显示。

接下来，重点介绍 Node、Service、Deployment 及 Pod 的监控。

先来看看 Node 的监控，如图 6-19 所示，其中展示了 Node 的 CPU 与内存资源的运行情况，以及允许的时间等情况。

可以单击具体的一个节点进入，如图 6-20 所示，会显示这个节点中运行的 Pod 的资源的使用情况。

接下来，来查看 Service 的监控，如图 6-21 所示，会显示 Service 的概况。

进入 nginx-service 里面查看，这个 Service 的具体情况，如图 6-22 所示，其中会显示 Service 的具体情况，并显示 Service 根据标签选择器选择的对应的 Pod。

●图 6-18 仪表盘中可以监控的资源

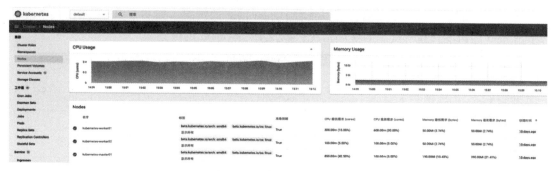

●图 6-19　仪表盘中的 Node

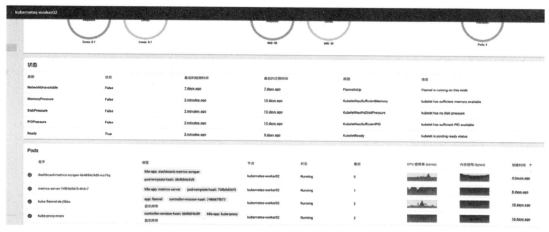

●图 6-20　仪表盘中 Pod 的资源占用情况

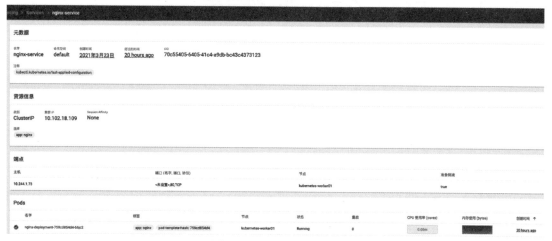

●图 6-21　查看 Service 视图

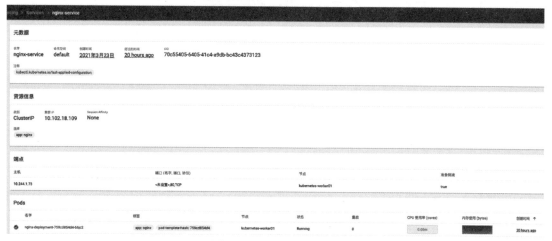

●图 6-22　查看 nginx-service

当想查看部署相关的信息时，可以查看 Deployment 的情况，如图 6-23 所示，其中会以 Deployment 的角度，显示资源的使用情况，以及 Deployment 的概述。

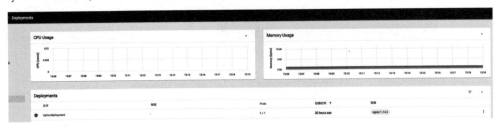

●图 6-23　查看 Deployment

单击 nginx-deployment 链接，查看它的具体情况，如图 6-24 所示，其中包括滚动更新的信息，如图 6-25 所示，其中包括了 HPA 的信息。

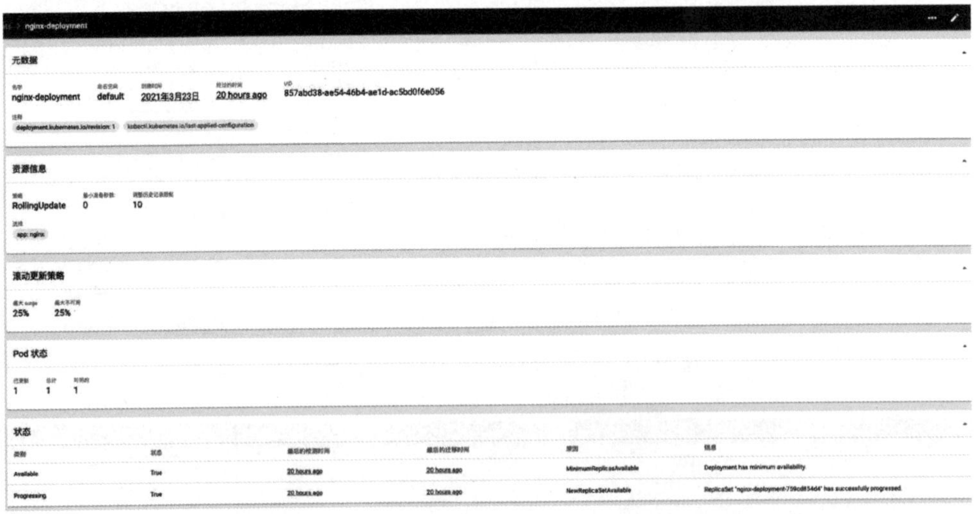

●图 6-24　查看 nginx-deployment 的具体情况

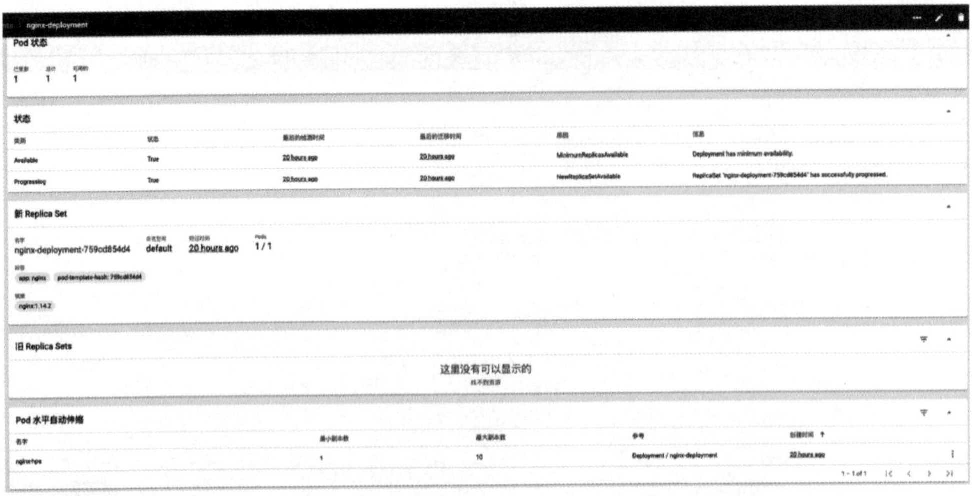

●图 6-25　nginx-deployment 中 HPA 的信息

读者也可以去查看 Pod 的详细信息，其中有 Pod 消耗资源的信息以及运行状态等信息。

6.2.4 Kubernetes 仪表盘之管理资源

Kubernetes 仪表盘除了可以进行资源的监控，也可以方便地让用户进行相关的操作。

比如，Kubernetes 中的 Service 视图，如图 6-26 所示，右上角的垃圾桶标志，可以用来删除这个 Service。右上角的笔的标志，可以用来编辑 Service 的 yaml 文件，如图 6-27 所示，编辑其中的文件，当单击"更新"按钮时，这个文件就应用到整个 Kubernetes 集群中了。

●图 6-26 Service 中右上角可操作图标

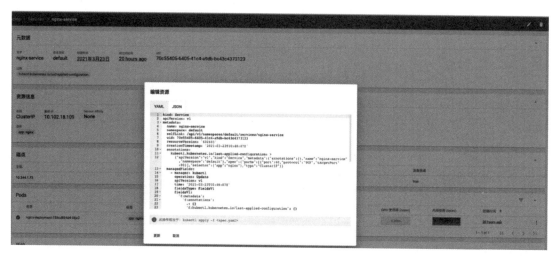

●图 6-27 编辑 Service 的定义 yaml 文件

在 Deployment 中，如图 6-28 所示，单击右上角的横线的标志，表示缩放资源的意思。当然右上角的编辑与删除标志也是同样可以对 Deployment 进行对应的编辑与删除。

●图 6-28 Deployment 中右上角可操作图标

缩放资源的视图，如图 6-29 所示，填写目标副本的数量就可以方便地进行手动缩放 Deployment 中的副本数量了。

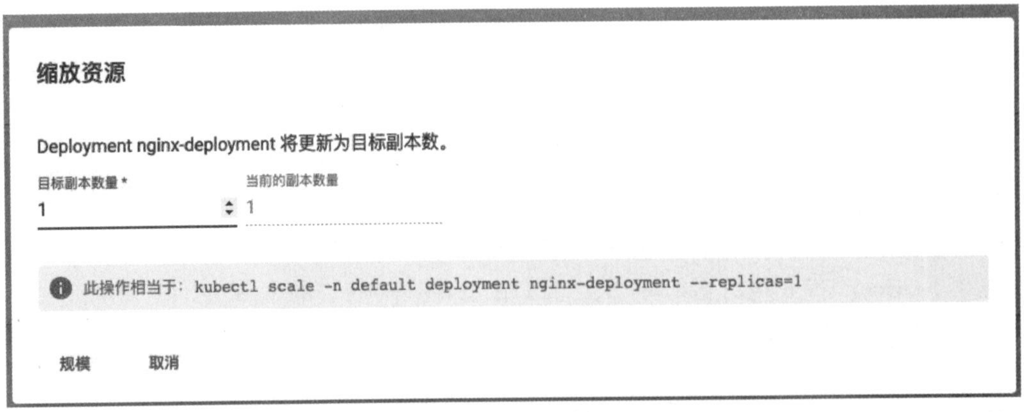

缩放资源

Deployment nginx-deployment 将更新为目标副本数。

目标副本数量 *   当前的副本数量
1   1

⚙ 此操作相当于: kubectl scale -n default deployment nginx-deployment --replicas=1

规模   取消

● 图 6-29　Deployment 中调整目标副本

Pod 是承载应用的载体，如图 6-30 所示，在 Kubernetes 集群中，可以通过右上角的多横线标志来查看日志。查看日志如图 6-31 所示。通过单击图中小箭头的标志，表示直接进入 Pod 中运行命令，如图 6-32 所示，是进入 Pod 中的效果。

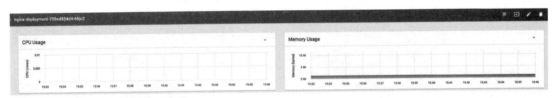

● 图 6-30　Pod 界面中右上角的操作截图

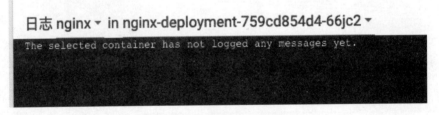

● 图 6-31　查看 Pod 中的日志

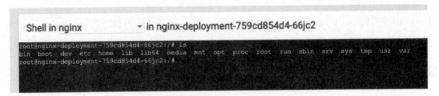

● 图 6-32　进入 Pod 中执行命令

6.2.5　Kubernetes 仪表盘总结

Kubernetes 仪表盘可以对 Kubernetes 集群中的资源进行监控，它最方便的是可以让用户可视化地查看集群中的资源对象，而且可以直接管理 Kubernetes 集群中资源对象，如查看日志、扩缩容，以及修改资源的定义文件 yaml 等。常规的操作比直接使用命令要高效，读者可以根据情况，多去尝试 Kubernetes 仪表盘中的相关使用，也建议在企业应用中部署 Kubernetes 仪表盘。

6.3　应用的日志收集实战

当应用部署到 Kubernetes 集群中时，会以 Pod 的形式部署，查看日志时，需要使用 kubectl logs 命令去查看容器中的日志。一个请求需要很多服务来提供，每个服务会以多实例的方式部署，在 Kubernetes 中服务的集群部署是多个 Pod 方式部署，当想去查询一次请求的完整日志时，如果通过这种一个一个 Pod 的查询方式太不方便了。

日志收集系统，就是专门来将多处的日志，尤其是多节点上的日志收集到一起的一种解决方案。在 Kubernetes 集群的日志收集中，业界用的比较广泛的日志收集的体系是 EFK。

- E：代表 ElasticSearch，ElasticSearch 是一种 NoSQL，它在搜索方面的表现很优秀，效率很高，在日志系统体系里，担当日志数据存储的职责。
- F：代表 Fluentd，是一种部署在要收集日志节点上的组件，用于从节点收集日志，并将日志数据上传给 ElasticSearch，每个要收集日志的节点都需要部署 Fluentd。
- K：代表 Kibana，Kibana 是一种仪表盘技术，在 EFK 体系中，用于在浏览器中更好地展示后端 ElasticSearch 的数据，方便用户在可视化的页面中去查询与搜索相关日志。

初次接触 EFK，可能会对这么多的概念有些不好理解，下面将 EFK 以图的方式展示出来，如图 6-33 所示，可以根据这个图了解 EFK 的整套体系。

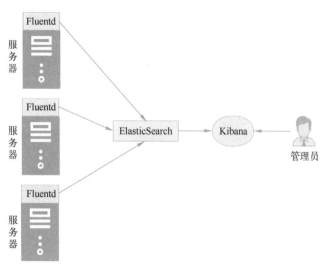

●图 6-33　EFK 的架构图

接下来，将使用容器化的方式，在搭建的 Kubernetes 集群中搭建一套 EFK。

6.3.1   Fluentd 的安装与配置

开始安装 Fluentd，因为 Fluentd 需要在各个节点上采集日志，所以是以 DaemonSet 的形式来安排的，DaemonSet 是一种保证 Kubernetes 集群中每个节点上安装一个 Pod 的方式。以下的 yaml 文件是创建 Fluentd 的 DaemonSet，因为 Fluentd 需要跟 Kubernetes 集群中的 kube-apiserver 交互，所以需要创建具有访问权限的账号，创建一个 ServiceAccount fluentd-es，并将这个 ServiceAccount 与创建的 ClusterRole fluentd-es 进行绑定。

```
apiVersion: v1
kind:ServiceAccount
metadata:
  name:fluentd-es
  namespace:kube-system
  labels:
    k8s-app:fluentd-es
    addonmanager.Kubernetes.io/mode: Reconcile
---
kind:ClusterRole
apiVersion: rbac.authorization.k8s.io/v1
metadata:
  name:fluentd-es
  labels:
    k8s-app:fluentd-es
    addonmanager.Kubernetes.io/mode: Reconcile
rules:
-apiGroups:
  -""
  resources:
  - "namespaces"
  - "pods"
  verbs:
  - "get"
  - "watch"
  - "list"
---
kind:ClusterRoleBinding
apiVersion: rbac.authorization.k8s.io/v1
metadata:
  name:fluentd-es
  labels:
    k8s-app:fluentd-es
```

```yaml
      addonmanager.Kubernetes.io/mode: Reconcile
subjects:
- kind:ServiceAccount
  name:fluentd-es
  namespace:kube-system
  apiGroup: ""
roleRef:
  kind:ClusterRole
  name:fluentd-es
  apiGroup: ""
---
apiVersion: apps/v1
kind:DaemonSet
metadata:
  name:fluentd-es-v3.1.0
  namespace:kube-system
  labels:
    k8s-app:fluentd-es
    version: v3.1.0
    addonmanager.Kubernetes.io/mode: Reconcile
spec:
  selector:
    matchLabels:
      k8s-app:fluentd-es
      version: v3.1.0
  template:
    metadata:
      labels:
        k8s-app:fluentd-es
        version: v3.1.0
    spec:
      priorityClassName: system-node-critical
      serviceAccountName: fluentd-es
      containers:
      - name:fluentd-es
        image: quay.io/fluentd_elasticsearch/fluentd:v3.1.0
        env:
        - name: FLUENTD_ARGS
          value: --no-supervisor -q
        resources:
          limits:
            memory: 500Mi
```

```
          requests:
            cpu: 100m
            memory: 200Mi
        volumeMounts:
        - name:varlog
          mountPath: /var/log
        - name: varlibdockercontainers
          mountPath: /var/lib/docker/containers
          readOnly: true
        - name: config-volume
          mountPath: /etc/fluent/config.d
        ports:
        - containerPort: 24231
          name: prometheus
          protocol: TCP
      volumes:
      - name:varlog
        hostPath:
          path: /var/log
      - name: varlibdockercontainers
        hostPath:
          path: /var/lib/docker/containers
      - name: config-volume
        configMap:
          name:fluentd-es-config-v0.2.0
```

Fluentd 是以 Pod 形式部署在 Kubernetes 集群中，它需要读取每个 Node 上的文件，所以需要将日志目录以 volume 的方式映射到 Pod 中，以上的 yaml 文件对 volume 的抽象包括以下三类。

- /var/log：这个目录是 Linux 操作系统的系统日志的目录。
- /var/lib/docker/containers：这个目录下面存放着 Docker 容器写的系统日志。注意，一定要对应本地 Docker 数据的存放目录。
- configMap fluentd-es-config-v0.2.0 的内容在 Github 地址 https://github.com/Kubernetes/Kubernetes/blob/master/cluster/addons/fluentd-elasticsearch/fluentd-es-config-map.yaml 上进行定义，其中包括了以下配置文件。
- system.conf：系统文件。
- containers.input.conf：其中定义了容器日志的采集方式
- system.input.conf：其中定义了系统日志的采集方式。
- forward.input.conf：定义处理什么样的消息。
- monitoring.conf：监控系统的相关配置。
- output.conf：定义采集完日志的输出方式。比如将采集的日志发往 ElasticSearch。

将以上文件应用到 Kubernetes 集群中，查看 Fluentd 创建的情况，如图 6-34 所示。

```
[root@kubernetes-master01 efk]# kubectl get pod -n kube-system | grep fluentd
fluentd-es-v3.1.0-9xb9g                    1/1      Running    1         20h
fluentd-es-v3.1.0-xqbbz                    1/1      Running    0         20h
```

●图 6-34 查看 Fluentd 的 Pod 的运行情况

6.3.2 ElasticSearch 的安装

ElasticSearch 的安装是以 StatefulSet 的形式来安装的，需要配合 Headless Service 来使用，下面是创建 Headless Service elasticsearch-logging 的文件 es-service. yaml 的内容。

```yaml
apiVersion: v1
kind: Service
metadata:
  name: elasticsearch-logging
  namespace:kube-system
  labels:
    k8s-app: elasticsearch-logging
    Kubernetes.io/cluster-service: "true"
    addonmanager.Kubernetes.io/mode: Reconcile
    Kubernetes.io/name: "Elasticsearch"
spec:
  clusterIP: None
  ports:
    - name: db
      port: 9200
      protocol: TCP
  targetPort: 9200
    - name: transport
      port: 9300
      protocol: TCP
      targetPort: 9300
  publishNotReadyAddresses: true
  selector:
    k8s-app: elasticsearch-logging
  sessionAffinity: None
  type:ClusterIP
```

以下是创建的用于 ElasticSearch 访问 Kubernetes 集群的 kube-apiserver 的账号以及赋权的内容，同时还有创建 StatefulSet elasticsearch-logging 的内容。其中数据存储使用本地 emptyDir 的方式，读者在生产中需要使用稳定的 PVC 存储来替换。ElasticSearch 创建了两个 Pod。

```
# RBACauthn and authz
apiVersion: v1
kind:ServiceAccount
metadata:
  name: elasticsearch-logging
  namespace:kube-system
  labels:
    k8s-app: elasticsearch-logging
    addonmanager.Kubernetes.io/mode: Reconcile
---
kind:ClusterRole
apiVersion: rbac.authorization.k8s.io/v1
metadata:
  name: elasticsearch-logging
  labels:
    k8s-app: elasticsearch-logging
    addonmanager.Kubernetes.io/mode: Reconcile
rules:
  -apiGroups:
    -""
    resources:
      - "services"
      - "namespaces"
      - "endpoints"
    verbs:
      - "get"
---
kind:ClusterRoleBinding
apiVersion: rbac.authorization.k8s.io/v1
metadata:
  namespace:kube-system
  name: elasticsearch-logging
  labels:
    k8s-app: elasticsearch-logging
    addonmanager.Kubernetes.io/mode: Reconcile
subjects:
  - kind:ServiceAccount
    name: elasticsearch-logging
    namespace:kube-system
    apiGroup: ""
roleRef:
  kind:ClusterRole
```

```
    name: elasticsearch-logging
    apiGroup: ""
---
#Elasticsearch deployment itself
apiVersion: apps/v1
kind:StatefulSet
metadata:
  name: elasticsearch-logging
  namespace:kube-system
  labels:
    k8s-app: elasticsearch-logging
    version: v7.4.3
    addonmanager.Kubernetes.io/mode: Reconcile
spec:
  serviceName: elasticsearch-logging
  replicas: 2
  selector:
   matchLabels:
     k8s-app: elasticsearch-logging
     version: v7.4.3
  template:
    metadata:
      labels:
        k8s-app: elasticsearch-logging
        version: v7.4.3
    spec:
      serviceAccountName: elasticsearch-logging
      containers:
        - image: quay.io/fluentd_elasticsearch/elasticsearch:v7.4.3
          name: elasticsearch-logging
          imagePullPolicy: IfNotPresent
          resources:
            # need more cpu upon initialization, thereforeburstable class
            limits:
              cpu: 1000m
              # memory: 500Mi
            requests:
              cpu: 100m
              # memory: 500Mi
          ports:
            - containerPort: 9200
              name: db
```

```
            protocol: TCP
        - containerPort: 9300
          name: transport
          protocol: TCP
      volumeMounts:
        - name: elasticsearch-logging
          mountPath: /data
      env:
        - name: "NAMESPACE"
          valueFrom:
            fieldRef:
              fieldPath: metadata.namespace
        - name: "MINIMUM_MASTER_NODES"
          value: "1"
  volumes:
    - name: elasticsearch-logging
      emptyDir: {}
#Elasticsearch requires vm.max_map_count to be at least 262144.
# If your OS already sets up this number to a higher value, feel free
# to remove this init container.
  initContainers:
    - image: alpine:3.6
      command: ["/sbin/sysctl", "-w", "vm.max_map_count=262144"]
      name: elasticsearch-logging-init
      securityContext:
        privileged: true
```

因为ElasticSearch需要保证系统参数 vm. max_map_count = 262144，所以在ElasticSearch中创建了一个初始化容器来设置这个参数。初始化容器的特性是在所属的Pod中最新被创建和运行，Pod中其他的容器才能创建和运行。

应用上面的两个yaml文件，查看ElasticSearch的Pod的创建情况，因为其对应的image比较大，拉取得比较慢，创建的过程有一点长，要等一段时间，如图6-35所示，两个Pod都已经运行起来了，另外ElasticSearch对内存的要求比较大，至少给对应的节点额外3 GB的内存，否则会一直无法正常运行。

```
[root@kubernetes-master01 efk]# kubectl get pod -n kube-system | grep elastic
elasticsearch-logging-0                1/1      Running    0        20h
elasticsearch-logging-1                1/1      Running    6        20h
```

●图6-35　Elastic 的 Pod 的运行状态

6.3.3　Kibana 的安装与配置

Kibana 是用来展示从 ElasticSearch 中查询的数据的，无状态，可以用 Deployment 的方式进行部署。如下是对应的 yaml 文件的内容。

```yaml
apiVersion: apps/v1
kind: Deployment
metadata:
  name:kibana-logging
  namespace:kube-system
  labels:
    k8s-app:kibana-logging
    addonmanager.Kubernetes.io/mode: Reconcile
spec:
  replicas: 2
  selector:
    matchLabels:
      k8s-app:kibana-logging
  template:
    metadata:
      labels:
        k8s-app:kibana-logging
    spec:
      containers:
        - name:kibana-logging
          image: docker.elastic.co/kibana/kibana-oss:7.4.2
          resources:
            # need more cpu upon initialization, thereforeburstable class
            limits:
              cpu: 1000m
            requests:
              cpu: 100m
          env:
            - name: ELASTICSEARCH_HOSTS
              value: http://elasticsearch-logging:9200
            - name: SERVER_NAME
              value:kibana-logging
            - name: SERVER_BASEPATH
              value: / api/ v1/ namespaces/ kube - system/ services/ kibana -
logging/proxy
            - name: SERVER_REWRITEBASEPATH
              value: "false"
          ports:
            - containerPort: 5601
              name: ui
              protocol: TCP
```

```
---
apiVersion: v1
kind: Service
metadata:
  name:kibana-logging
  namespace:kube-system
  labels:
    k8s-app:kibana-logging
    Kubernetes.io/cluster-service: "true"
    addonmanager.Kubernetes.io/mode: Reconcile
    Kubernetes.io/name: "Kibana"
spec:
  ports:
  - port:5601
    protocol:TCP
    targetPort: ui
  selector:
    k8s-app:kibana-logging
```

应用以上的 yaml 文件到 Kubernetes 集群中，查看 Kibana Pod 是否运行正常，如图 6-36 所示，已经正常运行。

```
[root@kubernetes-master01 efk]# kubectl get pod -n kube-system | grep kibana
kibana-logging-7497bdd8dc-7vjrs          1/1      Running    0         83s
kibana-logging-7497bdd8dc-qrhdq          1/1      Running    0         21h
```

●图 6-36　Kibana 的 Pod 的运行状态

在 Kubernetes 集群中执行以下命令，如图 6-37 所示，查看集群的信息，发现 Kibana 的内部访问地址为 https://192. 168. 8. 11:6443/api/v1/namespaces/kube-system/services/kibana-logging/proxy。直接访问此地址，会显示相应的提示信息，如图 6-38 所示，表明没有权限访问。

```
[root@kubernetes-master01 efk]# kubectl cluster-info
Kubernetes master is running at https://192.168.8.11:6443
Elasticsearch is running at https://192.168.8.11:6443/api/v1/namespaces/kube-
system/services/elasticsearch-logging:db/proxy
Kibana is running at https://192.168.8.11:6443/api/v1/namespaces/kube-system/services/kibana-
logging/proxy
KubeDNS is running at https://192.168.8.11:6443/api/v1/namespaces/kube-system/services/kube-
dns:dns/proxy
Metrics-server is running at https://192.168.8.11:6443/api/v1/namespaces/kube-
system/services/https:metrics-server:/proxy
```

●图 6-37　查看集群的访问地址

要解决这个无法访问的问题，要么创建一个对应的管理员账号来通过 Service 暴露给外网或者 Ingress 暴露服务到外网的方式来访问 Kibana，要么通过代理的方式访问。这里使用

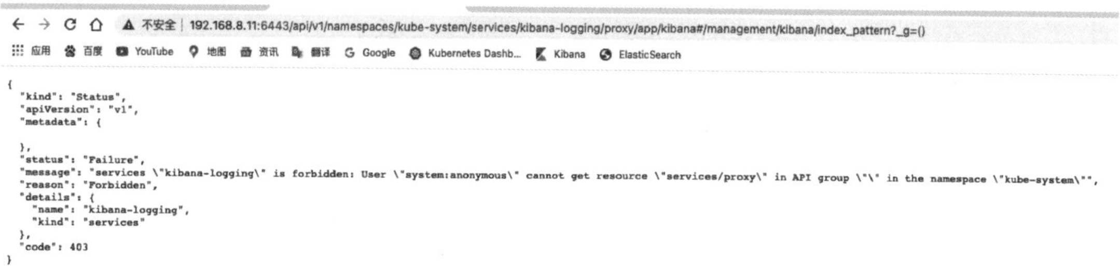

●图 6-38　访问 Kibana 的提示信息

简单的代理的方式访问，因为 kubectl 具有访问 Kubernetes 集群中资源的权限，如图 6-39 所示，以反向代理的方式代理运行 kubectl，--address 为 Kubernetes 集群中 master 的 IP 地址，--port 为要暴露的端口，接下来就可以通过访问 http://master-ip:port/api/v1/namespaces/kube-system/services/kibana-logging/proxy 来访问 Kibana 了。

```
kubectl proxy --port=8080 --address=192.168.8.11 --accept-hosts=^*$
Starting to serve on 192.168.8.11:8080
```

●图 6-39　执行反向代理的截图

如图 6-40 所示，可以正常访问 Kibana 了。注意：当停止 kubectl 代理时，Kibana 就没有权限正常访问了。

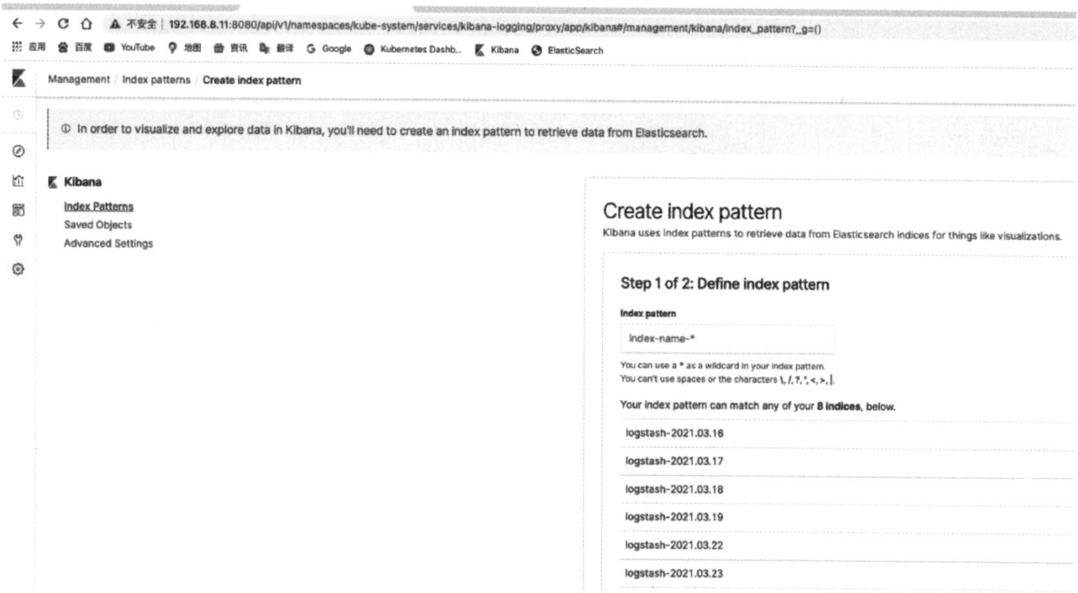

●图 6-40　访问 Kibana

6.3.4　EFK 的使用实践

可以在仪表盘中查看对应的 EFK 插件是否运行都正常，如图 6-41 所示，选择 EFK 所在的命名空间 kube-system，然后观察对应的 EFK 插件，发现都是 Running 的状态。

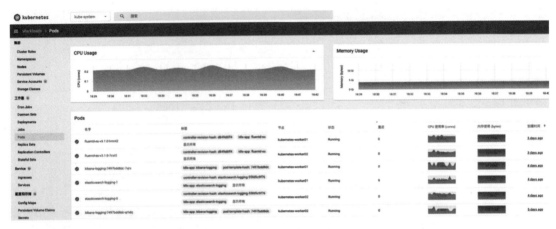

●图 6-41   EFK 插件的运行情况

接下来，验证 EFK 采集日志的效果。定义一个 Pod，其中不断地打印日志，然后在 Kibana 界面，查看是否接收到对应的日志。

1）按照以下文件内容，创建一个名为 test. yaml 的文件。

```
apiVersion: v1
kind: Pod
metadata:
  name: test
spec:
  containers:
  - name:busybox
    image:busybox
    args: [/bin/sh, -c,
      'i = 0; while true; do echo " $ i: $ (date) Happy"; i = $ ((i+1)); sleep 1; done']
```

2）应用这个 Pod。

```
kubectl apply -f test.yaml
```

3）要想在 Kibana 中查看对应的日志，需要创建对应的索引，如图 6-42 所示，单击左边最下面的配置按钮，然后单击 Index Patterns 链接，接下来单击右边的 Create index pattern 按钮。

●图 6-42   创建索引第一步

如图 6-43 所示，创建索引，索引的名字可以采用模糊搜索，下面的列表表示 Elastic-Search 写入的索引，可以直接从中选择一个，或者自定义一个模糊的索引。输入索引的名字后，单击 Next step 按钮。

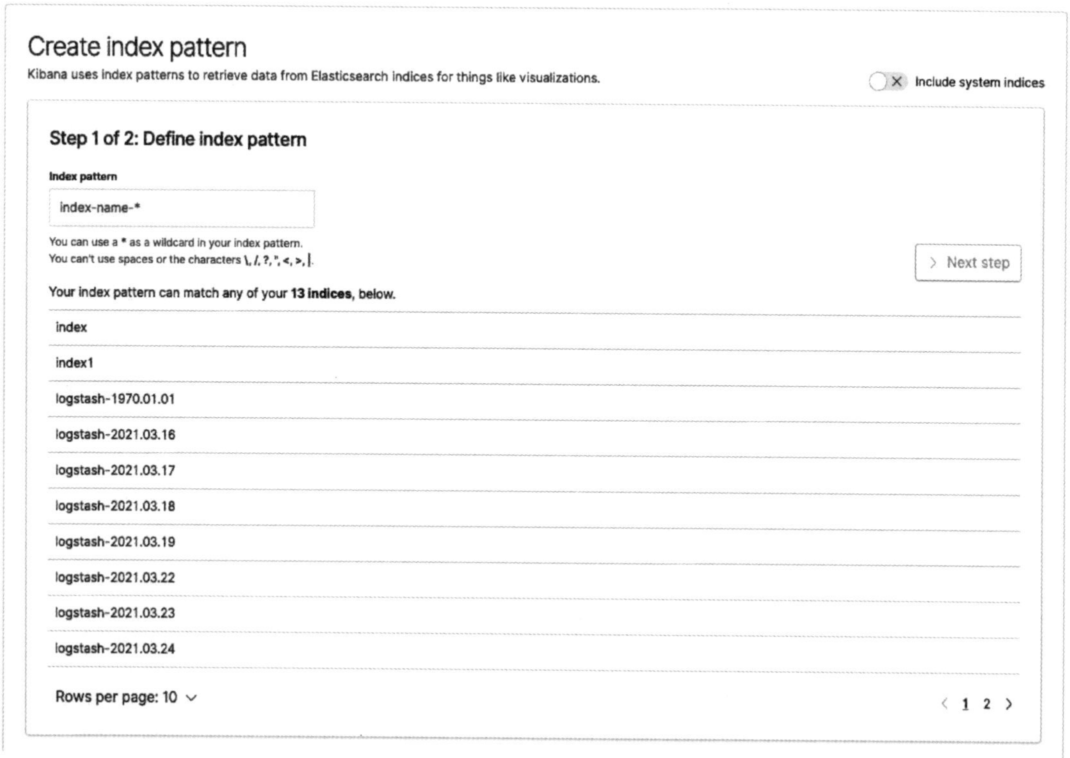

●图 6-43　创建索引第二步

需要定义索引的筛选条件，如图 6-44 所示，直接选择@ timestamp，也就是时间戳。

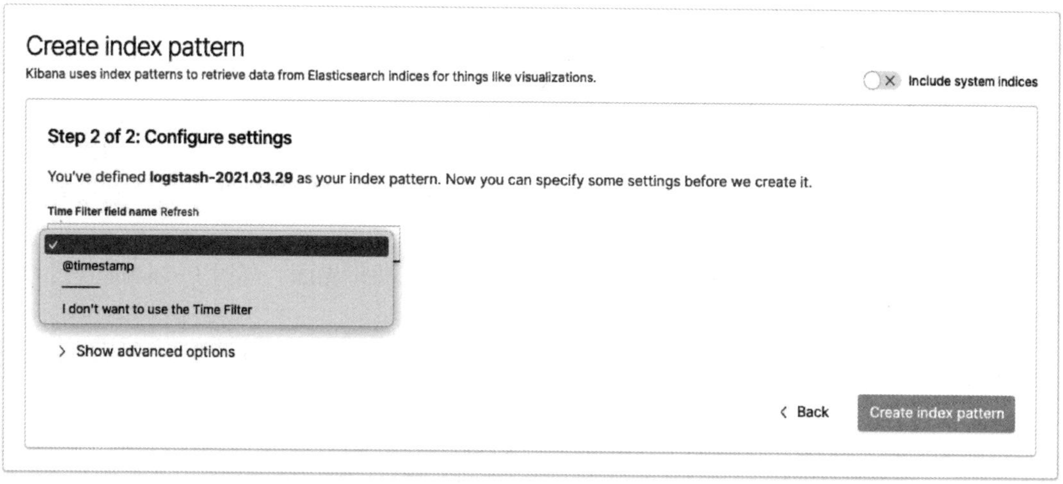

●图 6-44　定义筛选条件

4）到 Kibana 的 Discover 页面来查看日志，选择刚刚创建的索引，选择要查询的时间段，如图 6-45 所示，可以发现 Pod test 已经打印出对应的 Happy 日志了。为了缩小查询范围，可以选择筛选的字段。

●图 6-45　Kibana 的查询结果

6.4　应用的指标监控实战

本节将通过对 Prometheus 的理解，在 Kubernetes 集群中部署一套 Prometheus 的监控系统，并实现其对 Kubernetes 集群的监控。Prometheus 功能非常强大，可以进行自定义收集的指标，关于其更深入的应用，大家可以去进行深入研究。

6.4.1　什么是 Prometheus

Prometheus 是一套开源的监控框架，尤其是在与 Kubernetes 集成的部分，已经成为了 Kubernetes 集群中监控上事实上的解决方案。Prometheus 有以下的特点。

- 强大的数据模型：后台将数据存储于时序数据库 TSDB 中，具备强大的数据模型。
- 强大的查询能力：基于 PromQL（Prometheus 自定义的一套查询语法）可以对数据进行各种过滤。
- 出色的可视化模型：Prometheus 内部自带简单的可视化界面，同时 Prometheus 可以与 Grafana 集成，从而具备优秀的可视化界面。
- 精确的报警功能：基于 Prometheus 的 PromQL 定义报警规则，从而根据报警模板将报警信息发送给定义的相关管理员。
- 方便扩展：社区有各种基于 Prometheus 的插件，从而对各种指标进行监控，例如，可以通过插件完成对 Redis、MySQL、RabbitMQ 及 JMX 等的监控。

Prometheus 对于 Kubernetes 集群的监控分为以下的维度。

- 物理节点级别的监控，例如，节点的 CPU、内存、磁盘等。

- Kubernetes 集群中系统级别的组件的监控，如 kube‐apiserver、kube‐controller‐manager、kube‐scheduler 等。
- Kubernetes 集群中运行的用户定义的资源的监控，如用户定义的 Pod、Deployment、Service、Ingress 等资源的运行情况。
- 自定义的指标，需要集合一些扩展组件来完成对特定指标的监控，例如，对 Kubernetes 集群中运行的 Redis 中的 key 数量，以及其中慢查询的情况等。

基于 Kubernetes 的 Prometheus 监控系统是由一系列组件合作来完成一整套的监控报警框架，其核心组件的架构如图 6-46 所示。

- Prometheus Server：特指 Prometheus 时序数据库，用来存储要监控的数据。
- NodeExPorter：运行在 Kubernetes 集群中的各个节点上，采集节点的资源运行情况。
- kube-state-metrics：用于和 Kubernetes 集群中的 kube‐apiserver 交互，获取集群中资源的运行情况，如 Service、Deployment 等。
- Alertmanager：报警系统，Prometheus Server 会根据定义的报警规则，将报警信息上报给 Alertmanager，Alertmanager 将信息通过用户指定的模板，以及指定的报警人等规则信息将报警发送出去。
- Grafana：虽然 Prometheus Server 中提供了简单的可视化界面，但是基于 Prometheus Server 中的数据，Grafana 会有更加直观的界面将相关的监控数据以可视化的方式展现出来。

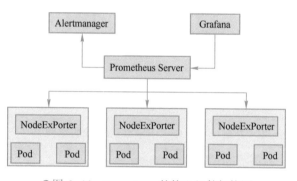

●图 6-46 Prometheus 的核心组件架构图

6.4.2 Prometheus 的安装文件

如图 6-47 所示，官网提示了 Kubernetes 的版本与 Kube-Prometheus 的版本之间的兼容性的关系，本书安装的是 1.18 版本的 Kubernetes，所以，需要安装 0.5 版本的 Kube-Prometheus。

于是，从官网地址 https://github.com/prometheus‐operator/kube‐prometheus/archive/refs/heads/release‐0.5.zip 下载整个项目。项目的文件结构如图 6-48 所示，直接接入 manifests 目录下，里面是在 Kubernetes 上安装一套完整的 Prometheus 框架对应的文件。

进入到 manifests 目录下，可以看到除了很多的 yaml 文件，还有一个 setup 文件夹，其中是很多 Kubernetes 中资源的定义。

Kubernetes compatibility matrix

The following versions are supported and work as we test against these versions in their respective branches. But note that other versions might work!

kube-prometheus stack	Kubernetes 1.16	Kubernetes 1.17	Kubernetes 1.18	Kubernetes 1.19	Kubernetes 1.20
release-0.4	✓(v1.16.5+)	✓	✗	✗	✗
release-0.5	✗	✗	✓	✗	✗
release-0.6	✗	✗	✗	✓	✗
release-0.7	✗	✗	✗	✓	✓
HEAD	✗	✗	✗	✓	✓

●图 6-47　Prometheus 与 Kubernetes 的兼容性对应关系

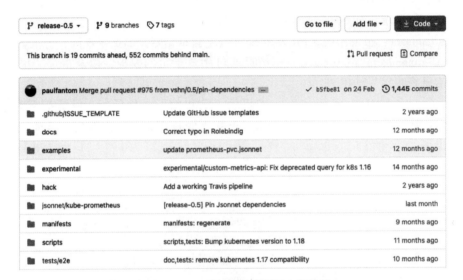

release-0.5 ▾	⅜ 9 branches	⑦ 7 tags		Go to file	Add file ▾	↓ Code ▾

This branch is 19 commits ahead, 552 commits behind main.　　　　　　　⑂ Pull request　⊟ Compare

paulfantom Merge pull request #975 from vshn/0.5/pin-dependencies …	✓ b5fbe81 on 24 Feb	⏱ 1,445 commits
📁 .github/ISSUE_TEMPLATE	Update GitHub issue templates	2 years ago
📁 docs	Correct typo in Rolebindig	12 months ago
📁 examples	update prometheus-pvc.jsonnet	12 months ago
📁 experimental	experimental/custom-metrics-api: Fix deprecated query for k8s 1.16	14 months ago
📁 hack	Add a working Travis pipeline	2 years ago
📁 jsonnet/kube-prometheus	[release-0.5] Pin Jsonnet dependencies	last month
📁 manifests	manifests: regenerate	9 months ago
📁 scripts	scripts,tests: Bump kubernetes version to 1.18	11 months ago
📁 tests/e2e	doc,tests: remove kubernetes 1.17 compatibility	10 months ago

●图 6-48　Prometheus 的项目文件结构

0namespace-namespace.yaml:定义 monitoring 的命名空间

prometheus－operator－0alertmanagerCustomResourceDefinition.yaml:Alertmanager 的资源定义.

prometheus－operator－0podmonitorCustomResourceDefinition.yaml:PodMonitor 的资源定义.

prometheus－operator－0prometheusCustomResourceDefinition.yaml:Prometheus 的资源定义.

prometheus-operator-0prometheusruleCustomResourceDefinition.yaml:Prometheus-Rule 的资源定义

prometheus－operator－0servicemonitorCustomResourceDefinition.yaml:Service-Monitor 的资源定义.

prometheus-operator-0thanosrulerCustomResourceDefinition.yaml:ThanosRuler 的资源定义.

如下的文件，定义了 NodeExporter，因为需要在每个节点上运行，进而采集节点的资源情况，所以以 DaemonSet 的方式运行。

```
node-exporter-clusterRoleBinding.yaml
node-exporter-clusterRole.yaml
node-exporter-serviceAccount.yaml
```
以上是定义权限账号

以下内容是以 DaemonSet 的模式运行 NodeExporter
```
node-exporter-serviceMonitor.yaml
node-exporter-daemonset.yaml
node-exporter-service.yaml
```

以下文件定义了 kube-state-metrics 组件，它主要是用来从 Kubernetes 集群获取相关的信息。

以下文件定义了账号与访问权限相关的资源
```
kube-state-metrics-clusterRoleBinding.yaml
kube-state-metrics-clusterRole.yaml
kube-state-metrics-serviceAccount.yaml
```

以下文件运行 Pod 以及对 Pod 的封装
```
kube-state-metrics-serviceMonitor.yaml:其中定义了30 s 刷新一次界面
kube-state-metrics-deployment.yaml
kube-state-metrics-service.yaml
```

如下的文件，定义了 prometheus-adapter，prometheus-adapter 的主要功能是根据从 Prometheus 中查询的指标情况转化成 HPA 可以识别的数据，从而配合 HPA 来实现自定义指标的动态扩缩容。

定义了相关的用户，以及相关角色，并将用户与对应角色绑定

```
prometheus-adapter-apiService.yaml
prometheus-adapter-clusterRoleAggregatedMetricsReader.yaml
prometheus-adapter-clusterRoleBindingDelegator.yaml
prometheus-adapter-clusterRoleBinding.yaml
prometheus-adapter-clusterRoleServerResources.yaml
prometheus-adapter-clusterRole.yaml
prometheus-adapter-roleBindingAuthReader.yaml
prometheus-adapter-serviceAccount.yaml

prometheus-adapter-configMap.yaml:定义了对哪些资源

prometheus-adapter-deployment.yaml:运行了一个 Pod
prometheus-adapter-service.yaml
```
如下文件中定义了 Prometheus Server 相关的资源
```
prometheus-clusterRoleBinding.yaml
```

```
prometheus-clusterRole.yaml
prometheus-operator-serviceMonitor.yaml

prometheus-roleBindingConfig.yaml
prometheus-roleBindingSpecificNamespaces.yaml
prometheus-roleConfig.yaml
prometheus-roleSpecificNamespaces.yaml
prometheus-serviceAccount.yaml

prometheus-rules.yaml:定义了 Prometheus 监控的相关规则
```

以下文件定义了 Prometheus 监控哪些资源,如 kube-apiserver、kube-controllermanager 及 kubelet 等

```
prometheus-serviceMonitorApiserver.yaml
prometheus-serviceMonitorCoreDNS.yaml
prometheus-serviceMonitorKubeControllerManager.yaml
prometheus-serviceMonitorKubelet.yaml
prometheus-serviceMonitorKubeScheduler.yaml
prometheus-serviceMonitor.yaml

prometheus-prometheus.yaml:定义了两个实例,并定义了报警的上报服务 Alertmanager 的信息
prometheus-service.yaml:为了方便访问,以 Service 的方式封装 Prometheus 的 Pod 实例
```

如下文件定义了 Grafana 的资源，它是从 Prometheus Server 中获取相关的数据，进而以可视化的形式显示出来。

```
grafana-dashboardDatasources.yaml
grafana-dashboardDefinitions.yaml
grafana-dashboardSources.yaml
grafana-serviceAccount.yaml

grafana-serviceMonitor.yaml:定义 15 s 刷新一次界面数据
grafana-deployment.yaml
grafana-service.yaml
```

如下文件定义了 Alertmanager 相关的资源，Prometheus Server 会将满足报警条件的数据发给 Alertmanager，从而将报警的信息发送给对应的报警人员。

```
以下文件定义账号和密钥
alertmanager-secret.yaml
alertmanager-serviceAccount.yaml

以下文件定义
alertmanager-alertmanager.yaml:定义 AlertManager 的对应 Pod
```

```
alertmanager-service.yaml
alertmanager-serviceMonitor.yaml:定义30 s 一次刷新界面数据
```

6.4.3　Prometheus 的安装配置

前一部分介绍了在 Prometheus 的官网中有对应的 yaml 文件，其中包括了如下几部分。

- NodeExporter。
- kube-state-metrics。
- prometheus-adapter。
- Prometheus Server。
- Grafana。
- Alertmanager。
- setup 中需要提前安装的资源文件。

先安装 setup 中的文件，直接运行 kubectl apply -f setup/。

然后将 manifests 下的文件，进行相应的修改后，再进行安装。

为了方便访问，可以将 Prometheus Server 改成 NodePort 的模式，也就将文件 prometheus-service.yaml 修改成如下所示的内容，这里直接指定其 NodePort 的端口。

```
apiVersion: v1
kind: Service
metadata:
  labels:
    prometheus: k8s
  name: prometheus-k8s
  namespace: monitoring
spec:
  type:NodePort                  # 指定 NodePort 方式
  ports:
  - name: web
    port: 9090
    targetPort: web
    nodePort: 30100              # 指定 NodePort 的端口
  selector:
    app: prometheus
    prometheus: k8s
  sessionAffinity: ClientIP
```

修改 Grafana 的 Service 为 NodePort 形式，修改文件 grafana-service.yaml 为如下的内容，同样指定 NodePort 的端口。

```
apiVersion: v1
kind: Service
metadata:
  labels:
    app:grafana
  name:grafana
  namespace: monitoring
spec:
  type:NodePort                    # 指定 NodePort 方式
  ports:
  - name: http
    port: 3000
    targetPort: http
    nodePort: 30200              # 指定 NodePort 的端口
  selector:
    app:grafana
```

同理，修改 Alertmanager 的 Service 为 NodePort 的形式，修改文件 alertmanager – service. yaml 为如下内容，同样指定 NodePort 的端口。

```
apiVersion: v1
kind: Service
metadata:
  labels:
    alertmanager: main
  name:alertmanager-main
  namespace: monitoring
spec:
  type:NodePort # 指定 NodePort 方式
  ports:
  - name: web
    port: 9093
    targetPort: web
    nodePort: 30300              # 指定 NodePort 的端口
  selector:
    alertmanager: main
    app:alertmanager
  sessionAffinity: ClientIP
```

然后安装 manifests 下的所有 yaml 文件到集群中，进入到目录 manifests 下，执行命令如下。

```
kubectl apply -f ./
```

等待一段时间后，来查看对应的 Pod 是否都创建成功了，如图 6-49 所示。

```
[root@kubernetes-master01 manifests]# kubectl get pod -n monitoring
NAME                                    READY   STATUS    RESTARTS   AGE
alertmanager-main-0                     2/2     Running   0          23h
alertmanager-main-1                     2/2     Running   0          23h
alertmanager-main-2                     2/2     Running   0          23h
grafana-5c55845445-bsznq                1/1     Running   0          23h
kube-state-metrics-bdb8874fd-k971p      3/3     Running   0          23h
node-exporter-fb2mg                     2/2     Running   0          23h
node-exporter-qtt9f                     2/2     Running   0          23h
node-exporter-wz6ht                     2/2     Running   0          23h
prometheus-adapter-5949969998-rf998     1/1     Running   0          23h
prometheus-k8s-0                        3/3     Running   1          23h
prometheus-k8s-1                        3/3     Running   0          23h
```

● 图 6-49　Pod 的状态

6.4.4　Prometheus 的使用实践

前面已经将 Prometheus 整个的框架安装完毕，下面来领略其强大功能。

1）访问 Prometheus Server 的图形界面，访问地址为 http://192.168.8.11:30100，在搜索框中输入 up，单击 Execute 按钮执行对应的搜索，如图 6-50 所示，会显示 Prometheus 所

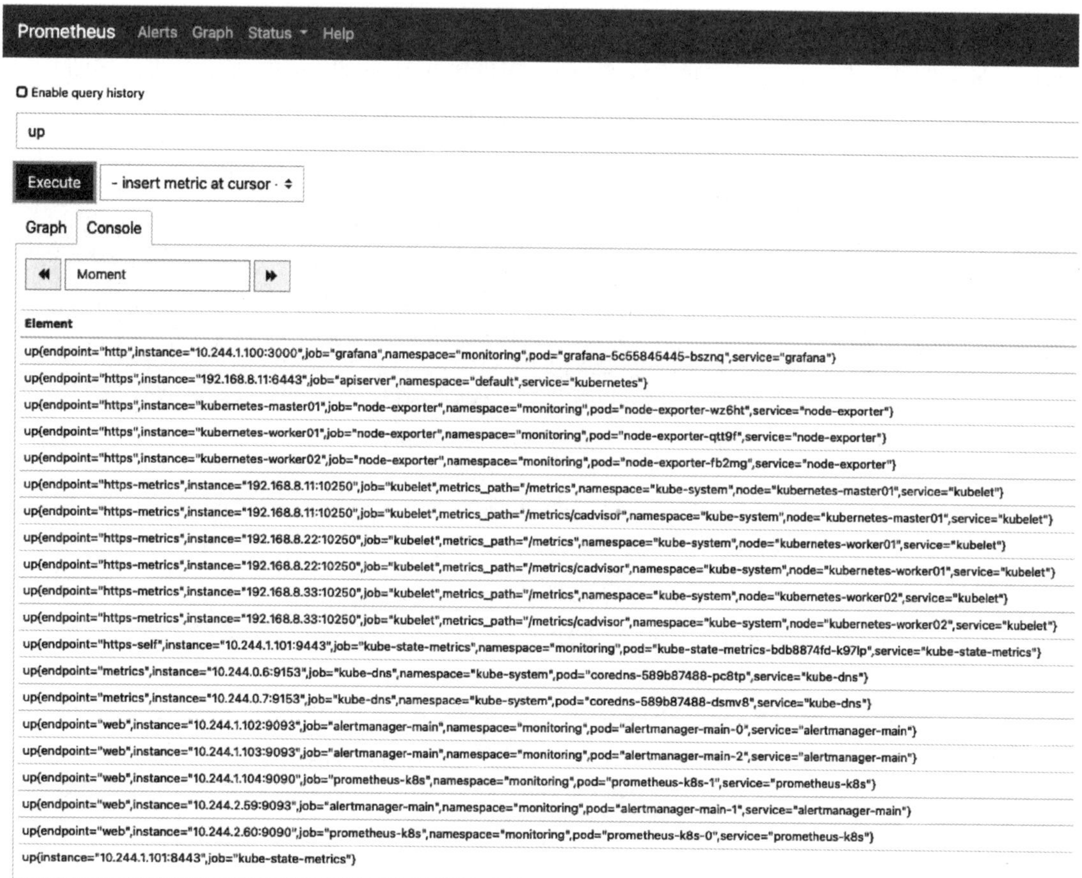

● 图 6-50　Prometheus 的查询界面

监控的目标中为 up 状态的对象。当然也可以通过 PromQL 中其他的查询条件来筛选对应的数据。

例如，可以查询对应 Node 的负载中的 1 min 的负载情况，如图 6-51 所示，输入 node_load1，单击 Execute 按钮，选择 Graph 选项，显示结果如下。

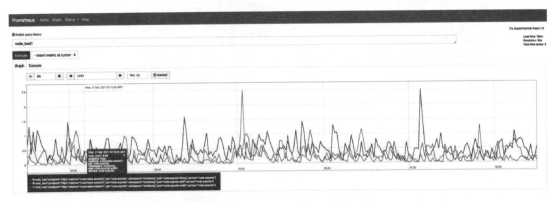

●图 6-51　Prometheus 中的监控页面

Prometheus Server 的图形界面是比较单一的指标的简单展示，接下来来见证 Grafana 的强大的图形化界面。

2）来看下 Grafana 的功能，其访问地址为 http://192.168.8.11:30200，首先需要告诉 Grafana 采集的数据源，在这里就是告诉 Grafana 它采集的 Prometheus 的访问方式，如图 6-52 所示，在配置里面选择数据源选项，可以进行数据源的管理。

●图 6-52　Grafana 的数据源配置界面

如图 6-53 所示，在配置文件中，已经默认添加了 Prometheus 的数据源，单击 Test 按钮，测试以下数据源是否可达。

有了数据源，需要定义 Grafana 的界面样式，在网站 https://grafana.com/grafana/dash-boards?utm_source=grafana_search 中有很多用户共享的样式模板，如图 6-54 所示，可以将其下载下来，然后导入 Grafana 中。

Grafana 的图形化界面都是以 JSON 的格式定义的，将其 JSON 文件导入 Grafana 中，如图 6-55 所示，选择应用的数据源，也就是之前定义的 Prometheus。

接下来，就可以来查看对应的界面了，如图 6-56 所示，其中显示了 Deployment 维度的内存、CPU 等指标。当然，也可以在 Grafana 中自定义需要的图形化界面，并保存下来使用。

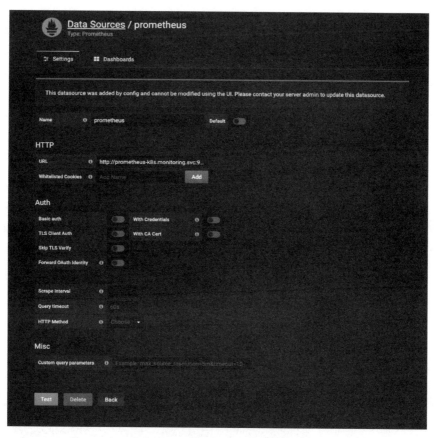

●图 6-53　给 Grafana 添加数据源

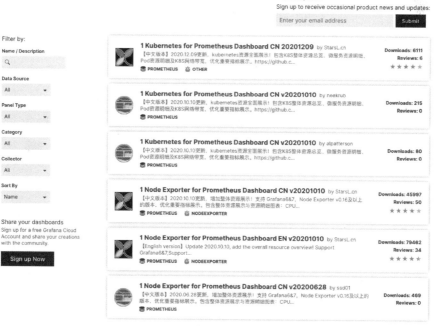

●图 6-54　可以使用的 Grafana 图形界面

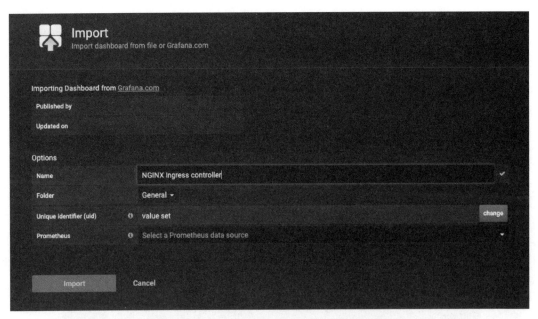

●图 6-55　导入图形化界面的 JSON 文件

●图 6-56　Grafana 中的图形界面

3）通过访问地址 http://192.168.8.11:30300 来查看 Alertmanager，如图 6-57 所示，其中展示了满足之前定义的报警规则的信息。

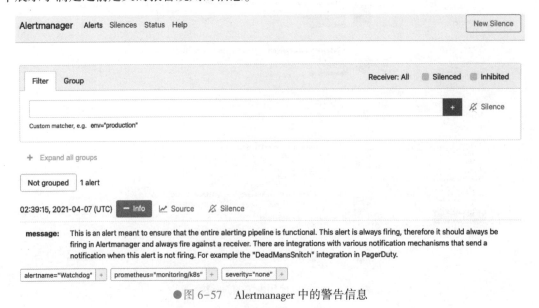

●图 6-57　Alertmanager 中的警告信息

　　如下代码所示，在 Alertmanager 中可以定义报警信息的发送方式，以及发送给哪些人。定义的文件为 alertmanager-secret. yaml，其中 receivers 可以配置对应的告警模式，route 根据 receivers 中的名称来具体定义各种报警模式的具体信息。

```
apiVersion: v1
data: {}
kind: Secret
metadata:
  name:alertmanager-main
  namespace: monitoring
stringData:
  alertmanager.yaml: |-
    "global":
      "resolve_timeout": "5m"
    "inhibit_rules":
    - "equal":
      - "namespace"
      - "alertname"
      "source_match":
        "severity": "critical"
      "target_match_re":
        "severity": "warning|info"
    - "equal":
      - "namespace"
      - "alertname"
      "source_match":
        "severity": "warning"
      "target_match_re":
        "severity": "info"
    "receivers":
    - "name": "Default"
    - "name": "Watchdog"
    - "name": "Critical"
    "route":
      "group_by":
      - "namespace"
      "group_interval": "5m"
      "group_wait": "30s"
      "receiver": "Default"
      "repeat_interval": "12h"
      "routes":
      - "match":
          "alertname": "Watchdog"
```

```
              "receiver": "Watchdog"
        - "match":
            "severity": "critical"
          "receiver": "Critical"
  type: Opaque
```

6.5 本章小结

至此，关于持久化运维 Kubernetes 集群中的四种技术：水平自动伸缩技术 HPA、可视化 Kubernetes 中资源的工具 Kubernetes Dashboard、Kubernetes 集群中的日志的统计收集框架 EFK，以及全面监控 Kubernetes 集群的运行情况的 Prometheus 框架，已经全部展现给读者，其中每一项技术都是一个庞大的话题，期望读者能够在生产中将其全面应用起来，以保障 Kubernetes 集群的稳定运行。